普通高等教育“十四五”规划教材

生物科学类专业系列教材

植物先天免疫
实验指导与实例分析

徐　宁　主编

中国农业大学出版社
·北京·

内容简介

生命科学的迅速发展，促进了以分子生物学为基础的植物先天免疫学的快速进步。本书以植物免疫识别的特征为基础，分为两章。第一章主要介绍植物模式识别系统相关的实验，包括活性氧爆发测定、钙离子内流的可视化观察及定量检测、类受体胞质激酶的磷酸化检测等实验。第二章主要介绍植物胞内识别系统相关的实验，包括接菌植物中的细菌生长量测定、胞内免疫受体对效应子的识别、细胞坏死检测等实验。

本书可作为生物科学、农学、林学等专业高年级本科生及研究生的教材，也可作为科技工作者和企事业单位技术人员进行科研工作的参考书。

图书在版编目(CIP)数据

植物先天免疫实验指导与实例分析 / 徐宁主编．--北京：中国农业大学出版社，2024. 9. --ISBN 978-7-5655-3289-4

Ⅰ. S432. 2-33

中国国家版本馆 CIP 数据核字第 2024NE6272 号

书　　名　植物先天免疫实验指导与实例分析
Zhiwu Xiantian Mianyi Shiyan Zhidao yu Shili Fenxi
作　　者　徐　宁　主编

策划编辑　潘晓丽　赵　艳　　**责任编辑**　赵　艳
封面设计　郑　川　李尘工作室
出版发行　中国农业大学出版社
社　　址　北京市海淀区圆明园西路 2 号　　**邮政编码**　100193
电　　话　发行部 010-62733489,1190　　读者服务部 010-62732336
编辑部 010-62732617,2618　　出　版　部 010-62733440
网　　址　http://www.caupress.cn　　**E-mail**　cbsszs@cau.edu.cn
经　　销　新华书店
印　　刷　河北虎彩印刷有限公司
版　　次　2024 年 9 月第 1 版　　2024 年 9 月第 1 次印刷
规　　格　170 mm×228 mm　　16 开本　　6.5 印张　　101 千字
定　　价　26.00 元

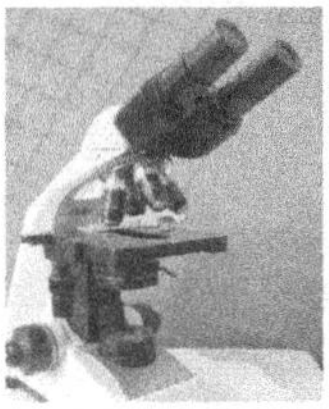

编审人员

主　编　徐　宁　中国农业大学

副主编　周朝阳　中国农业大学

　　　　　陈　倩　中国农业大学

参　编（按姓氏拼音排序）

　　　　　高秀莹　南京农业大学

　　　　　韩利波　福建农林大学

　　　　　何祥凤　北京农学院

　　　　　刘　俊　中国农业大学

　　　　　刘利静　山东大学

　　　　　马苗苗　四川农业大学

　　　　　秦　君　西北农林科技大学

　　　　　沈晨佳　杭州师范大学

　　　　　王瑞金　中国农业大学

　　　　　邢莹莹　中国农业大学

　　　　　余　刚　上海交通大学

　　　　　赵　梅　中国农业大学

　　　　　赵平芝　中国科学院微生物研究所

主　审　杨　丽　中国农业大学

前 言

先天免疫系统是指不依赖于后天获得且可遗传的生物体防御系统，该系统可识别“非己物质”并激发防卫反应，这种防卫反应的特征是具有对“非己物质”进行无选择的排斥和阻止病原侵染的能力。后天免疫系统是指可以对特定的病原体做出特异性的反应，在初次感染某种病原体后产生免疫记忆的生物体防御系统。植物由于没有可循环转移的免疫细胞，只能依靠其先天免疫来感知并响应和适应各种生物胁迫。近年来，分子生物学、遗传学和生理生化检测技术的快速发展，大力推动了植物先天免疫相关领域的研究。党的二十大报告明确指出“要确保中国人的饭碗牢牢端在自己手中”，植物先天免疫的研究可以更好地服务于粮食安全、食品安全和生物安全，也可以为未来的植物抗病育种提供重要参考。

目前的研究认为植物对病菌的识别主要存在于两个层面：一个是植物通过位于细胞质膜上的模式识别受体对病菌表面保守分子模式进行识别，激发保守分子模式触发的免疫。另一个是病原微生物在侵染植物宿主过程中特异分泌大量效应子到植物细胞周质空间抑制植物的免疫，帮助病原生物侵染或定殖；而植物在与病原生物的长期适应中进化出庞大的胞内免疫受体家族，各成员特异识别进入细胞质的不同效应子，从而激发效应子触发的免疫。

本教材根据植物免疫反应的两个层次分为相应的两章，每章都包括 6 个常规的实验，这些实验都是目前植物先天免疫领域最常用的研究方法。本教材主要面向具有一定分子生物学和生物化学基础的本科生和研究生，通过本实验教材的学习，学生将进一步了解本专业的相关研究方法，加深对基础理论知识的理解与应用。本教材的主编、副主编以及参编人员都具有丰富的植物先天免疫相关基础理论知识和多年一线科研工作经验，在植物先天免疫领域发表过多篇学术论文。本教材中的很多实验细节和注意事项都源于编者对相关实验的深刻理解，希望本教材能够为植物保护领域的学生和科研工作者提供参考。

由于近些年来植物先天免疫领域发展迅速，一些相关的实验方法未能全部列出，另外编写过程中难免有不妥和疏漏之处，敬请读者提出宝贵意见。

徐　宁

2024 年 7 月

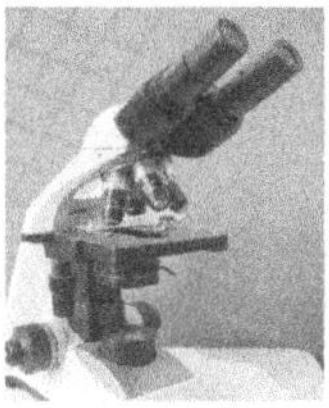

目　录

第一章

病原体相关分子模式激发的免疫反应

植物在其自然栖息地不断面临被不同病原微生物感染的风险，而病原体相关分子模式（pathogen-associated molecular pattern，PAMP）在不同的微生物中具有较高的保守性，位于细胞质膜上的模式识别受体（pattern recognition receptor，PRR）可以对 PAMP 进行识别，从而激发保守分子模式触发的免疫（pattern-triggered immunity，PTI）。因 PAMP 通常为微生物正常生活过程所必需的成分，如细菌的鞭毛蛋白（flagellin）和真菌细胞壁的重要组成成分几丁质（chitin），因此第一层次的 PTI 反应能介导植物对大多数病原微生物的抗性，具有一定的广谱性。

目前的研究认为植物的 PRR 主要包括类受体激酶（receptor-like kinase，RLK）和类受体蛋白（receptor-like protein，RLP）两大类。RLK 通常包含细胞外信号感受区、跨膜区和细胞内的蛋白激酶区域；而 RLP 则只有细胞外信号感受区和跨膜区，缺少细胞内的蛋白激酶区域。RLK 或 RLP 在感受 PAMP 后，会启动下游的免疫应答反应，使植物产生初级的抗性反应。

本章包含 6 个实验：活性氧爆发测定，钙离子内流的可视化观察及定量检测，类受体胞质激酶（BIK1）的磷酸化检测，丝裂原活化蛋白激酶（MAPK）的激活检测，胼胝质沉积检测，实时荧光定量 PCR 检测免疫相关基因表达。这些实验都是 PTI 应答过程中最常见的反应，了解该部分实验的原理及熟练掌握相关的实验技能，对于鉴定植物的抗感病性具有重要的参考意义。

实验一　活性氧爆发测定

一、实验背景

活性氧(reactive oxygen species,ROS)是包括氧离子、过氧化物和氧自由基等在内的非常活跃的小分子,在植物的生长发育和对外界环境的响应等多个生物学过程中发挥着重要作用。定位于植物细胞质膜的模式识别受体PRR识别PAMP后通常伴有快速短暂的ROS爆发,在几分钟之内就可以被检测到。ROS是由质膜上的还原型辅酶Ⅱ(nicotinamide adenine dinucleotide phosphate,NADPH)氧化酶(respiratory burst oxidase homolog,RBOH)介导产生的,在拟南芥中共编码10个RBOH,其中呼吸爆发氧化酶同源蛋白D(RBOHD)起着主要作用(Marino等,2012)。这些分子模式激活RBOHD诱导的ROS爆发可被作为植物免疫反应的早期事件,RBOHD的激活受多种翻译后修饰所调控,需要激活的PRR复合体对其进行磷酸化修饰(Li等,2014;Kadota等,2014)。因此,ROS的测定可用于分析植物免疫受体复合体的激活以及调控RBOHD激活的其他过程。

二、实验原理

PRR介导的ROS爆发测定通常是基于化学发光的鲁米诺(luminol)法。luminol在氧化环境下(如结合 H_2O_2),再结合合适的催化物,如辣根过氧化物酶(horseradish peroxidase,HRP)就会发光,因此可以被用来动态追踪ROS的水平(图1-1)。在拟南芥中,位于细胞质膜上的PRR蛋白(flagellin-sensitive,FLS2)识别来源于病原细菌鞭毛蛋白N端保守的含22个氨基酸的小肽flg22后,可以迅速激活RBOHD,诱导ROS的爆发(Li等,2014),该过程可以利用luminol法进行实时检测。

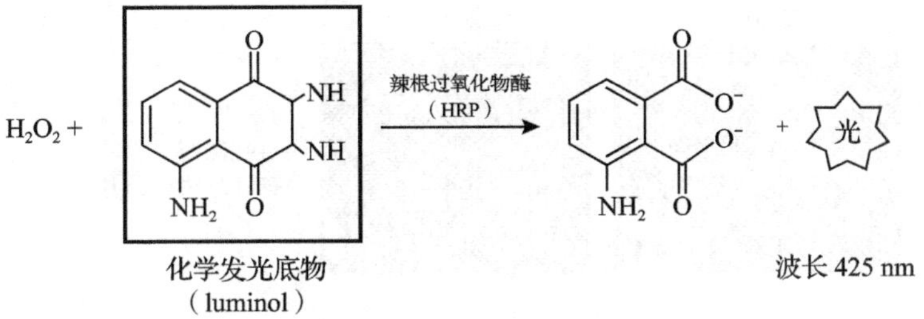

图 1-1　luminol 法发光原理

三、实验材料和仪器

1. 植物材料

生长 4～5 周的野生型拟南芥 Col-0(光周期 10 h 光照/14 h 黑暗,温度 22 ℃,湿度 70%～80%)。

2. 试剂

(1)鲁米诺(luminol,Sigma):100 mmol/L,溶于二甲基亚砜(DMSO),保存于－20 ℃。

(2)辣根过氧化物酶(HRP,Sigma):10 mg/mL,溶于超纯水,保存于－20 ℃。

(3)flg22(QRLSTGSRINSAKDDAAGLQIA,生工合成):2 mmol/L,溶于超纯水,保存于－20 ℃。

3. 主要仪器

光照培养箱,酶标仪,打孔器。

四、实验步骤及解析

1. 在 96 孔板中加入 200 μL 灭菌超纯水,将在短日照条件下生长 4～5 周的拟南芥叶片用打孔器打取直径为 3 mm 的叶盘,转移至含有 200 μL 水的 96 孔板中(图 1-2)。

2. 置于弱光下孵育过夜,使伤口处的活性氧自行淬灭。

3. 第 2 天去除 96 孔板中的水,加入 200 μL 含有 100 nmol/L flg22、20 μmol/L luminol 和 10 μg/mL HRP 的缓冲液。

4. 立即将 96 孔板放入酶标仪检测发光信号,检测 ROS 的时间不少于 60 min。

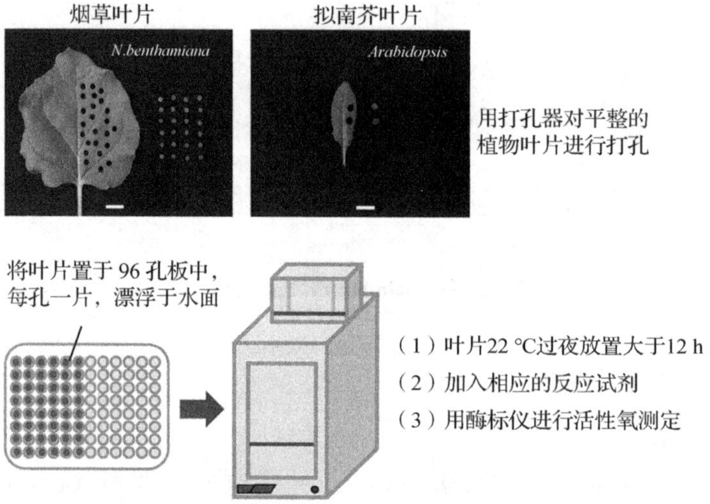

图 1-2 烟草和拟南芥叶盘收集活性氧测定流程图(改自 Jantean 等,2022)

5. ROS 的数据分析可以采用以下两种不同的形式：

(1)记录每个时间点的相对光单位(relative light unit,RLU),用曲线图表示。

(2)用每个样品测定期间 RLU 的总积累值表示测定期间 ROS 的总产量。

五、实验结果及案例

案例一

2022 年 12 月,日本 Michitaka Notaguchi 课题组在 *Plant Biotechnology* 发表了题为"Measurement of reactive oxygen species production by luminol-based assay in *Nicotiana benthamiana*, *Arabidopsis thaliana* and *Brassica rapa* ssp. *rapa*"的实验方法。该方法对烟草和拟南芥样品在不同浓度的 flg22 处理后 60 min 内的 ROS 爆发进行了测定(图 1-3)。结果显示,烟草叶片在处理 30 min 后相对光单位达到最大值,而拟南芥叶片在 20 min 时就达到了最大值,并且拟南芥叶片对不同浓度的 flg22 都有响应,而烟草叶片对 10 nmol/L 和 10 μmol/L 的 flg22 响应较弱。结果表明,拟南芥叶片对 flg22 的响应更迅速和灵敏。

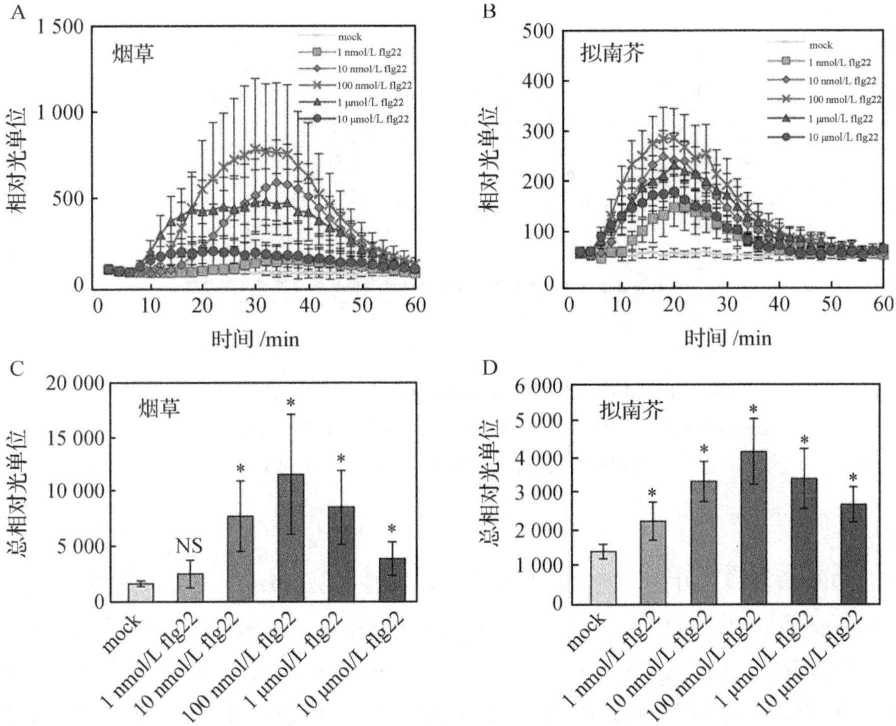

图 1-3 不同浓度 flg22 诱导烟草和拟南芥叶片活性氧爆发的测定(改自 Jantean 等,2022)

A,B. 不同浓度的 flg22 诱导烟草和拟南芥叶片在 60 min 内的相对光单位测定。C,D. 不同浓度的 flg22 诱导烟草和拟南芥叶在 60 min 内的总相对光单位统计($n=8$;Student's t 检验;$^{*}P<0.01$)。

案例二

2015 年 10 月,德国 Thorsten Nürnberger 课题组在 *Nature Plants* 发表了题为"An RLP23-SOBIR1-BAK1 complex mediates NLP-triggered immunity"的研究论文。已有的研究发现,坏死和乙烯诱导多肽(necrosis and ethylene-inducing peptide 1-like proteins,NLP)作为一种 PAMP,广泛存在于病原细菌、真菌和卵菌中,可以作为细胞毒性蛋白触发叶片的细胞坏死和防御反应。该研究发现位于细胞质膜上的细胞类受体蛋白 RLP23,作为受体识别 NLP 的 20 个保守的氨基酸(nlp20)。nlp20 在野生型拟南芥 Col-0 中可以诱导 ROS 的爆发,并在 15 min 时达到峰值,而在类受体蛋白的突变体 *rlp23-1* 和 *rlp23-2* 中则不能诱导 ROS 的爆发(图 1-4)。

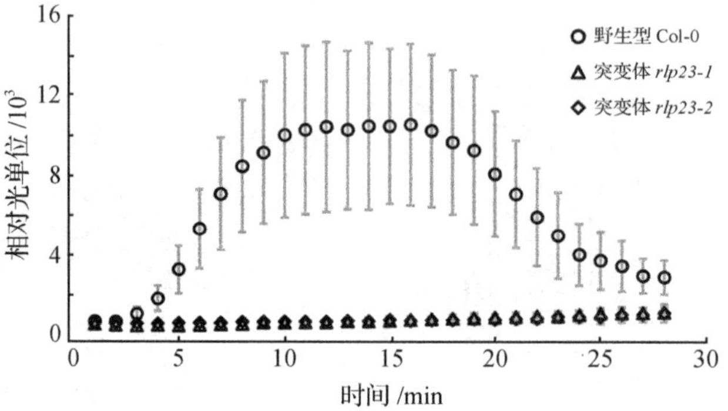

图 1-4　nlp20 诱导的 ROS 爆发(改自 Albert 等，2015)

nlp20 序列为 AIMYSWYFPKDSPVTGLGHR，由 GenScript Inc 合成，处理叶片的 nlp20 浓度为 1 μmol/L(n=3)。

案例三

2021 年 4 月，中国刘俊课题组在 *Nature Communications* 发表了题为“Poaceae-specific cell wall-derived oligosaccharides activate plant immunity via OsCERK1 during *Magnaporthe oryzae* infection in rice”的研究论文。细胞壁是植物细胞的重要保护屏障，主要由纤维素和半纤维素组成。很多病原菌在侵染植物过程中会分泌大量的细胞壁降解酶，降解水稻细胞壁促进侵染，这些降解产物近年来被报道可以作为损伤相关分子模式(damage-associated molecular pattern，DAMP)激活植物的免疫反应。但是病原菌侵染过程中是如何从植物细胞壁释放这些活性分子的，尚不明确。该研究揭示了稻瘟菌分泌的葡聚糖内切酶可以降解水稻细胞壁半纤维素 MLG(mixed-linked glucan，β-1，3/1，4-glucan)，释放特异的寡糖分子如三糖分子 BGTRIA 和 BGTRIB(图 1-5A)、四糖分子 BGTETC(图 1-5B)作为 DAMP 来激活水稻细胞的免疫反应。

六、注意事项

1. 标准的 luminol 可适用于大多数 PAMP 在拟南芥中诱导的 ROS 的检测。在其他物种中，如果需要更高的灵敏度，可以使用更灵敏的 luminol 衍生物(L-012)。luminol 对光敏感，应避光保存。

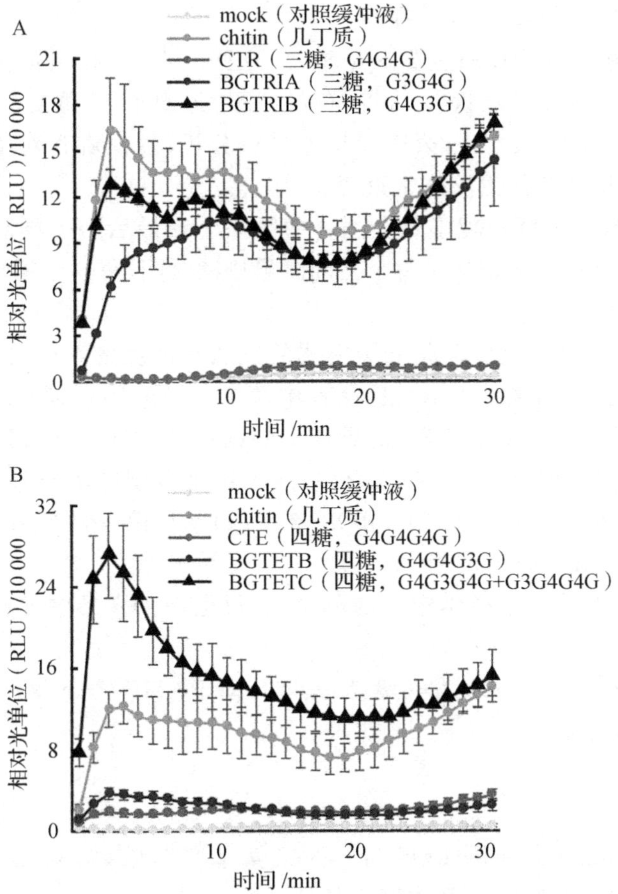

图 1-5　寡糖分子可以激发水稻悬浮细胞 ROS 的爆发(改自 Yang 等,2021)

A,B. 几丁质(chitin)的使用浓度为 10 μg/mL,作为正对照,mock 为负对照,三糖和四糖分子的使用浓度均为 10 μmol/L(n=3)。

2. 基于 luminol 检测 ROS,可以使用不同的酶标仪检测该反应中的化学发光,例如可以使用 Promega GloMax™ 96 进行化学发光的检测,高分辨率的酶标仪可以得到更好的实验结果。

3. 应将拟南芥在短日照条件下培养,健康未抽薹的拟南芥对于 ROS 的检测尤为重要,过老的植物对 PAMP 的敏感性会降低。

4. flg22 小肽的稳定性在低浓度时会降低,最好将 2～10 mmol/L flg22

母液在－20 ℃或－80 ℃下储存。

5. 一般建议每个样品至少 8 个重复，这样一个 96 孔板最多可以同时检测 12 个样品。为了减小误差，每个样品可以增加到 16 个重复。

6. 通常晚上收集叶片，第 2 天早上进行分析，过夜孵育对于叶片机械损伤恢复和伤口 ROS 的清除非常重要。

7. 为了最大限度地减小每个循环中第一个和最后一个样品因测量时间差影响实验结果，应尽量减小每个孔的测量持续时间，每一个循环所用测量时间应小于 60 s。

8. 根据所使用植物、病原分子模式的性质和浓度的不同，曲线的形状可能会有所不同，例如来源于革兰氏阴性细菌细胞壁的脂多糖（LPS）可以诱导植物产生两次 ROS 爆发，LPS 诱导产生的第一次短暂的 ROS 爆发和 flg22 诱导产生的一样，但比 flg22 要弱很多；除了这个典型的 PAMP 诱导的 ROS 爆发，LPS 还诱导产生了第二次 ROS 爆发，相比于第一次爆发，持续时间更长，强度更大（Shang-Guan 等，2018）。

9. RLU 不是一个科学定义的单位，仅仅是一个样品中光产生量的相对测试值。

10. 水稻中的 ROS 爆发实验，因其叶片对 PAMP 的处理通常不敏感，所以一般用悬浮细胞。

七、思考题

1. 基于 luminol 检测 ROS 与 3，3-二氨基联苯胺（3，3-diaminobenzidine，DAB）染色法检测 ROS 之间的区别是什么？

2. 基于 luminol 检测 ROS 使用不同的仪器得到不同的 RLU 数值，如何看待这个差别？

八、参考文献

Albert I，Böhm H，Albert M，et al，2015. An RLP23-SOBIR1-BAK1 complex mediates NLP-triggered immunity［J］. Nat Plants，1：15140.

Jantean L，Okada K，Kawakatsu Y，et al，2022. Measurement of reactive oxygen species production by luminol-based assay in *Nicotiana benthamiana*, *Arabidopsis thaliana* and *Brassica rapa* ssp. *rapa* [J]. Plant Biotechnol (Tokyo), 39: 415-420.

Kadota Y, Sklenar J, Derbyshire P, et al, 2014. Direct regulation of the NADPH oxidase RBOHD by the PRR-associated kinase BIK1 during plant immunity [J]. Mol Cell,54: 43-55.

Li L, Li M, Yu L, et al, 2014. The FLS2-associated kinase BIK1 directly phosphorylates the NADPH oxidase RbohD to control plant immunity [J]. Cell Host Microbe,15: 329-338.

Marino D,Dunand C, Puppo A, et al, 2012. A burst of plant NADPH oxidases [J]. Trends Plant Sci,17: 9-15.

Sang Y, Macho A P, 2017. Analysis of PAMP-triggered ROS burst in plant immunity [J]. Methods Mol Biol,1578: 143-153.

Shang-Guan K, Wang M, Htwe N, et al, 2018. Lipopolysaccharides trigger two successive bursts of reactive oxygen species at distinct cellular locations [J]. Plant Physiol,176: 2543-2556.

Yang C, Liu R, Pang J, et al, 2021. Poaceae-specific cell wall-derived oligosaccharides activate plant immunity via OsCERK1 during *Magnaporthe oryzae* infection in rice [J]. Nat Commun,12: 2178.

实验二　钙离子内流的可视化观察及定量检测

一、实验背景

钙离子(Ca^{2+})是植物细胞中一种重要的第二信使，在植物生长调节、发育、非生物胁迫及与微生物相互作用中都发挥了重要作用。在静息状态下，细胞内的 Ca^{2+} 浓度非常低(10^{-8}～10^{-7} mol/L)，这是为了防止 Ca^{2+} 细胞毒性并使微小的 Ca^{2+} 水平变化能够充当信号。Ca^{2+} 在各种不同功能的细胞中具有严格的、复杂的空间分布。细胞通过将胞质 Ca^{2+} 输出到质外体并通过 H^{+}/Ca^{2+} 逆向转运蛋白和 Ca^{2+}-ATP 酶(ATPase)将 Ca^{2+} 隔离到液泡或叶绿体中，来维持低细胞质 Ca^{2+} 水平，这导致质外体和细胞器中 Ca^{2+} 大量积聚(高达 10 mmol/L)，使得胞外 Ca^{2+} 的浓度比胞内高 1 000～10 000 倍。

外界刺激时可诱导质膜上 Ca^{2+} 通道开放，导致胞外 Ca^{2+} 内流。同时，也引起细胞内钙库(内质网、液泡、线粒体、叶绿体)中 Ca^{2+} 释放，结果造成细胞核和细胞质基质中 Ca^{2+} 水平的迅速升高，从而形成 Ca^{2+} 信号。增加的 Ca^{2+} 起着信使作用，它通过与钙调蛋白(如钙调素 CaM)结合，形成活化的 Ca^{2+}-CaM 复合体，进而活化一系列靶标，引发一系列生理生化反应，从调节离子运输到基因表达，最终达到(从细胞结构和功能上)对外界刺激做出相应的适应性反应。但是，长期存在的高浓度 Ca^{2+} 会与磷酸盐形成沉淀或与大分子形成复合物而毒害细胞，于是细胞内又产生了一种促使 Ca^{2+} 外流的反馈机制。当细胞质基质中的 Ca^{2+} 浓度达到相对较高的浓度时，增加的 Ca^{2+} 会与 CaM 结合，激活质膜和液泡膜上的钙泵 Ca^{2+}-ATPase，使增加的 Ca^{2+} 又回流到细胞外及液泡钙库中，细胞内的 Ca^{2+} 又恢复到刺激前的低水平，保证了 Ca^{2+} 增加是一个短暂性的过程(Jiang 和 Ding，2023)。

细胞质的 Ca^{2+} 瞬时升高是植物 PTI 应答过程中一个重要的反应，对于触发下游免疫信号转导起着关键的作用。本实验旨在观察并测定 flg22 或其他诱导剂处理拟南芥叶片后 Ca^{2+} 的内流情况，以使学生掌握这一重要的检测 PTI 应答过程的方法。

二、实验原理

水母素(aequorin,AEQ)是一种蓝色的发光蛋白,由 Shimomura 等于 1962 年在维多利亚多管发光水母中分离鉴定出来,经观察发现水母素在 Ca^{2+} 的刺激下可发出蓝光,且其发光强度与 Ca^{2+} 浓度呈正相关关系。随着基因工程技术的进一步发展,Anraku 实验室在 1991 年利用编码水母素的质粒在酵母菌中成功表达了水母素,并检测到了酵母菌中的 Ca^{2+} 信号。

水母素是一种能够稳定结合底物腔肠素(coelenterazine)的无活性氧化酶,每个蛋白质包含 3 个 Ca^{2+} 结合位点,在结合 Ca^{2+} 后,其构象发生变化,变成有活性的氧化酶,可将腔肠素底物分解为激发态的腔肠乙酰胺(coelenteramide)和二氧化碳释放出来,激发态的腔肠乙酰胺在回到基态的过程中会释放光子,形成蓝色荧光(约 470 nm)(图 2-1)。

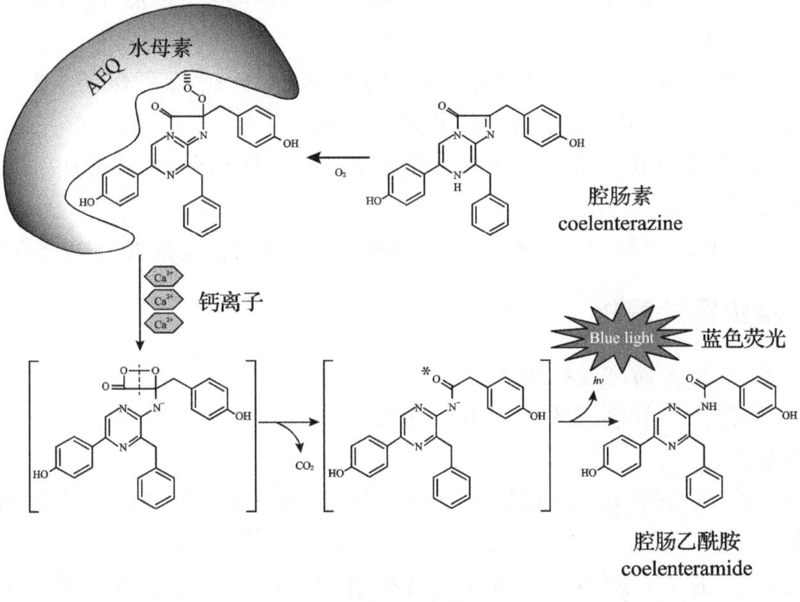

图 2-1 水母素的发光原理(改自 Tanaka 等,2013)

将水母素基因导入植物细胞,使植物细胞表达水母素蛋白。在外部刺激后,细胞内的 Ca^{2+} 浓度会发生变化,荧光信号的强度与细胞内的游离 Ca^{2+} 浓度成正比,通过荧光显微镜或荧光分光光度计等设备观察和测定 AEQ 的发光信号,即可定量分析植物细胞中 Ca^{2+} 的内流情况。

三、实验材料和仪器

1. 植物材料

生长1周左右的野生型拟南芥Col-0和Col-0背景下的35S::*AEQ*转基因拟南芥平板幼苗(光周期10 h光照/14 h黑暗,温度22 ℃,湿度70%~80%),生长于1/2 MS平板上。

2. 试剂

(1)1/2 MS固体培养基:2.2 g/L MS基本培养基(Murashige and Skoog);10 g/L蔗糖;8 g/L琼脂;用KOH将pH调为5.8。

(2)腔肠素母液:1 mmol/L天然腔肠素溶解在乙醇中,该溶液在−20 ℃下避光可稳定保存2周。

(3)重构缓冲液:2 mmol/L 2-吗啉乙磺酸(MES,pH 5.7),10 mmol/L $CaCl_2$。使用前,将腔肠素储备液用重构缓冲液稀释至终浓度10 μmol/L,该溶液应现配现用。

(4)处理溶液:2 mmol/L flg22溶于超纯水中,−20 ℃下保存。根据实验需求稀释至200 nmol/L作为工作液进行实验。

(5)放电缓冲液:2 mol/L $CaCl_2$溶解在20%(体积分数)乙醇中。

3. 主要仪器

恒温光照培养箱,带有暗箱的CCD相机,带有全自动加样器的酶标仪。

四、实验步骤及解析

1. Ca^{2+}内流的可视化观察

(1)将野生型和转基因拟南芥种子沿直线播种在培养皿中的1/2 MS固体培养基上。

(2)在4 ℃下春化3 d以同步种子发芽后,将培养皿垂直放置在恒温光照培养箱。

(3)将生长5 d的幼苗从培养皿转移到50 μL含有腔肠素的重构缓冲液的96孔微孔板的单个孔中,并在室温下黑暗孵育过夜。

(4)过夜孵育后,在重构缓冲液中加入等体积200 nmol/L flg22处理溶液(使其终浓度为100 nmol/L)并置于暗箱CCD相机下方静置1~2 min,随后立即连续采集图像2~10 min。

2. Ca^{2+} 内流的定量检测

（1）将生长 5 d 的幼苗从培养皿转移到 50 μL 含有腔肠素的重构缓冲液的 96 孔微孔板的单个孔中，室温黑暗过夜孵育后，将 96 孔板置于带有全自动加样器的酶标仪中并开始光子计数（L_0），持续监测 1～2 min 以确保基础水平达到稳定。

（2）随后利用仪器自动加样装置在每个孔中加入等体积 200 nmol/L flg22，立即继续进行光子计数 20 min（L_0），直至数值趋于平稳。

（3）实验结束时，利用仪器自动加样装置加入等体积的放电缓冲液，以排出剩余的水母发光蛋白，然后立即进行光子计数（L_{max}），直到发光信号远低于基线水平。

以 BioTek Synergy H1 型号仪器为例，可按如下操作进行：

①开启酶标仪，设置为自动加样模式，用配制好的 200 nmol/L flg22 处理溶液清洗加样器 1，用 2 mol/L $CaCl_2$ 放电缓冲液清洗加样器 2。

②设置工作程序为循环 1（工作循环时间 2 min，灵敏度 200，积分时间 0.5 s，25 s/循环），检测所有样品（最大样品数 30，大于 30 个样品分组进行测试）。

③加样器 1 加样 50 μL；循环 2（工作循环时间 20 min，灵敏度 200，积分时间 0.5 s，25 s/循环），检测所有样品。

④将测试模式切换到孔模式（该模式下，仪器自动加样并检测每一个样品）。

⑤加样器 2 加样 100 μL；循环 3（工作时间 45 s，灵敏度 200，积分时间 0.5 s，0.5 s/循环）。

⑥测试结束后，用 20 mL 无菌水清洗加样器。

（4）结果可以用 L_0/L_{max} 作为纵坐标，时间为横坐标的动态曲线形式展现；或者积分后呈现实验阶段内总的 L_0/L_{max}；也可以用 $[Ca^{2+}]_{cyt}$ 进行展示，该浓度可以通过 $pCa^{2+}=0.332\,588\times(-\log k)+5.559\,3$ 计算（Knight 等，1996），其中 k 是速率常数，等于发光计数（L_0）除以总剩余计数（L_{max}），即 L_0/L_{max}。

五、实验结果及案例

案例一

2017 年 1 月，中国朱杉课题组在 *Frontiers in Plant Science* 发表了题为“Biotic and abiotic stresses activate different Ca^{2+} permeable channels in *Arabidopsis*”的研究论文。该研究发现 flg22、植物内源性免疫多肽（plant elicitor peptide 1，Pep1）和 NaCl 诱导的胞内 Ca^{2+} 增加有累加效应，表明生物和非生物胁迫可能激活不同的 Ca^{2+} 渗透通道。该研究对 7 d 大小的 AEQ 转基因拟南芥分别施用 1 μmol/L flg22 或 1 μmol/L 内源性免疫多肽 Pep1 后，对 Ca^{2+} 的内流情况进行了检测。相对于 H_2O 处理，flg22 和 Pep1 处理可以明显激发植物内的 Ca^{2+} 的内流（图 2-2）。

图 2-2 彩图

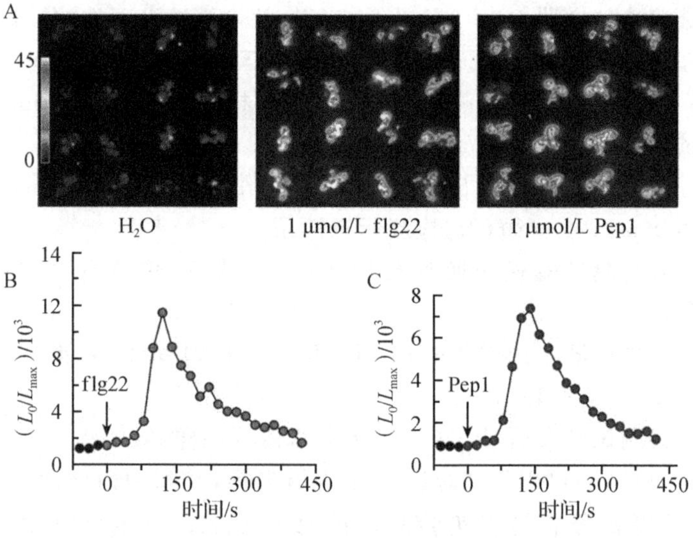

图 2-2　flg22 和 Pep1 处理可以激发 Ca^{2+} 内流（改自 Cao 等，2017）

A. CCD 相机下 AEQ 转基因拟南芥施用 1 μmol/L flg22 或 1 μmol/L Pep1 后的成像图，H_2O 为对照。B，C. L_0/L_{max} 的方法显示施加 flg22 或 Pep1 后 450 s 内 Ca^{2+} 内流随时间变化的情况。

案例二

2020 年 2 月，美国杜克大学、北卡罗来纳大学教堂山分校和国内研究团队合作在 *Nature* 发表了题为“Hydrogen-peroxide sensor HPCA1 is an LRR receptor kinase in *Arabidopsis*”的研究论文。该研究首次发现了植物细胞表面过氧化氢（H_2O_2）的受体 HPCA1（hydrogen-peroxide-induced Ca^{2+} increases 1），并揭示了其作用机制。H_2O_2 作为细胞内含量最多的 ROS 之一，是植物抵御生物胁迫和逆境胁迫的关键信号分子。以表达水母发光蛋白的 WT（野生型）和 *hpca1*（HPCA1 膜受体蛋白缺失的突变体）的幼苗为研究材料，在胞外 H_2O_2 刺激下，*hpca1* 突变体的胞内 Ca^{2+} 浓度增加明显下降（图 2-3A），但是山梨醇（sorbitol）引起的渗透胁迫和 NaCl 引起的盐胁迫并未导致胞内的 Ca^{2+} 浓度发生变化，说明该突变体只影响胞外过氧化氢钙信号传导（图 2-3B～D）。

图 2-3 彩图

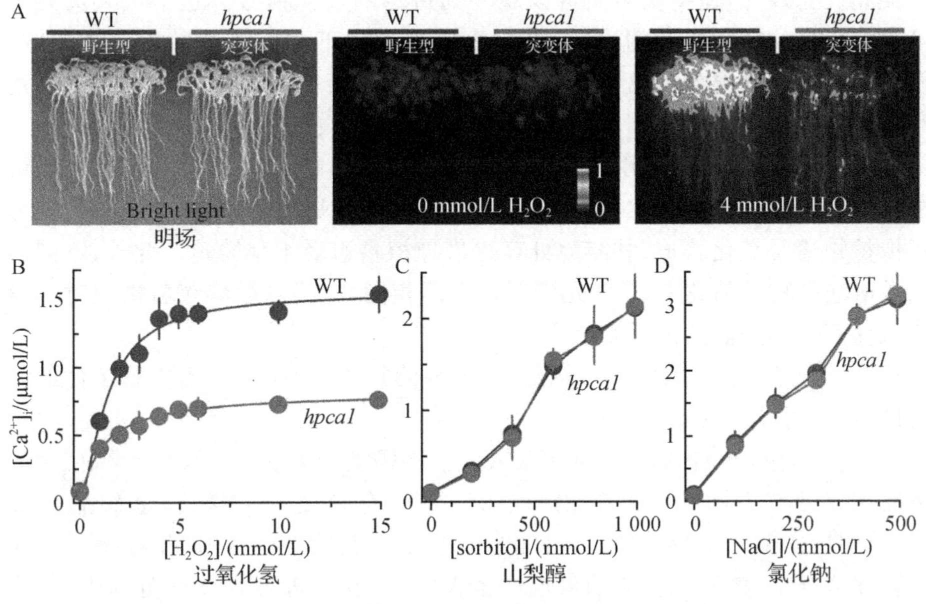

图 2-3 H_2O_2 激发 Ca^{2+} 内流依赖于 HPCA1（改自 Wu 等，2020）

A. 4 mmol/L H_2O_2 引起的 Ca^{2+} 内流在 *hpca1* 突变体中明显降低。B～D. 与野生型植物相比，H_2O_2 的受体突变体 *hpca1* 对不同浓度 H_2O_2 处理响应均降低，而对山梨醇和氯化钠的处理，其响应与野生型植物一致。

六、注意事项

1. 在构建转 *AEQ* 基因植物时，AEQ 外源蛋白在植物体内有效表达是实验的必要条件，可将构建好的载体在烟草叶片先瞬时表达，加 Ca^{2+} 内流刺激溶液后，通过 Ca^{2+} 内流的可视化观察或定量检测的方法，来确保 *AEQ* 基因能够有效表达并在植物细胞中产生功能性的 AEQ 蛋白。

2. 为了防止叶绿素自发荧光干扰发光记录，施用腔肠素后幼苗要进行避光处理。如果幼苗偶尔暴露，可在黑暗中放置 5 min，以尽量减少叶绿素自发荧光。

3. 重构缓冲液主要作用是使腔肠素和水母发光蛋白结合并组成功能性的水母发光蛋白复合物。

4. 放电缓冲液的主要作用是通过提供高浓度的钙离子，确保水母发光蛋白复合物中的所有结合位点都被钙离子完全占据。这样可以确保腔肠素的最大荧光发光效应，使得实验中可以观察到最强的荧光信号。这个最大荧光信号可以用来校准实验数据，帮助确定在不同条件下实际测量的钙离子浓度。同时通过施加高浓度钙离子，可以验证腔肠素是否在转基因植株中正确表达和正常工作。

5. 不同的刺激溶液可以模拟植物应对的不同胁迫状态，如 flg22 处理可模拟植物遭受病菌胁迫、NaCl 处理可模拟植物遭受盐碱胁迫、H_2O_2 处理可模拟植物遭受氧化胁迫、甘露醇处理可模拟植物遭受干旱胁迫。此外，不同的刺激溶液处理后植物 Ca^{2+} 变化情况也不尽相同，施用刺激溶液后拍照时间需要根据不同的刺激溶液适当改变。

6. 该实验应设置合理的对照以及必要的重复，同时要确保实验条件的稳定性，以获得可靠的实验结果。

7. 水母素作为钙指示剂的优点是：①不需要外源激发光，在底物存在的情况下即可响应钙水平的变化而发光；②具有较高的信噪比；③细胞毒性小，感知钙的范围比较大（0.5～100 μmol/L）。其缺点是：①即使在持续补充底物的情况下，该发光反应的可逆性也很差；②在生理性钙浓度范围内，一个水母素结合钙后仅能产生一个光子，因而其产生的信号较弱。

七、思考题

1. 水母素蛋白为什么可以用来作为钙指示剂？

2. 还有什么方法可以用来检测胞内钙离子浓度的变化？

八、参考文献

Cao X Q, Jiang Z H, Yi Y Y, et al, 2017. Biotic and abiotic stresses activate different Ca^{2+} permeable channels in *Arabidopsis* [J]. Front Plant Sci, 8: 83.

Jiang Y, Ding P, 2023. Calcium signaling in plant immunity: a spatio-temporally controlled symphony [J]. Trends Plant Sci, 28: 74-89.

Knight H, Trewavas A J, Knight M R, 1996. Cold calcium signaling in *Arabidopsis* involves two cellular pools and a change in calcium signature after acclimation [J]. Plant Cell, 8: 489-503.

Tanaka K, Choi J, Stacey G, 2013. Aequorin luminescence-based functional calcium assay for heterotrimeric G-proteins in *Arabidopsis* [J]. Methods Mol Biol, 1043: 45-54.

Wu F, Chi Y, Jiang Z, et al, 2020. Hydrogen peroxide sensor HPCA1 is an LRR receptor kinase in *Arabidopsis* [J]. Nature, 578: 577-581.

实验三　类受体胞质激酶(BIK1)的磷酸化检测

一、实验背景

植物依赖位于质膜上的模式识别受体 PRR 识别病原物中的一些保守的分子模式 PAMP 激活免疫反应,目前研究发现,多个类受体胞质激酶(receptor-like cytoplasmic kinase,RLCK)可以与 PRR 相偶联,在 PRR 介导的免疫反应中发挥着重要作用。其中,可以被诱导表达的类受体胞质激酶 BIK1(botrytis-induced kinase 1)是 RLCK 中被研究最多的一个成员(Liang 和 Zhou,2018),在 PTI 的信号转导过程中起关键枢纽作用。目前的研究发现 BIK1 和多个 PRR 存在互作,例如可以与细菌鞭毛蛋白 flg22 的受体 FLS2 以及细菌翻译延伸因子的受体 EFR(EF-Tu receptor)相互作用接收上游的信号,在这一过程中 BIK1 会被磷酸化;BIK1 作为激酶被激活后可以直接磷酸化下游的底物,例如 RBOHD 和 XLG2(extra-large GTP-binding protein 2)等进一步向下游传递信号,激活植物的免疫反应。

PRR 在识别病原保守分子模式后,快速诱导 BIK1 的体内磷酸化已经成为 PRR 介导免疫激活早期反应的标志性事件(Zhang 等,2010)。因此,BIK1 磷酸化的检测可用于分析 PRR 是否可以正常激活以及 BIK1 磷酸化的调控过程。

二、实验原理

目前,已经有很多种方法可以检测植物体内蛋白的磷酸化:①磷酸化蛋白组学可以利用质谱鉴定体内多个蛋白的磷酸化;②蛋白被磷酸化后因分子质量会变大,通过免疫印迹可以检测被磷酸化蛋白条带的向上迁移;③有些蛋白被磷酸化后,免疫印迹检测不到条带的迁移,可以借助蛋白自身特异磷酸化位点的抗体或 Phos-tag 凝胶电泳进行检测(Li 等,2014;Liu 等,2024)。

基于拟南芥原生质体转化体系,瞬时表达 BIK1-HA 蛋白,用 flg22 处理表达有 BIK1-HA 的原生质体能够快速诱导 BIK1-HA 的磷酸化,经免疫印迹可以检测到 BIK1-HA 条带的向上迁移(图 3-1)。该方法快速、灵敏,且不需要特异的磷酸化抗体或昂贵的 Phos-tag 试剂盒。

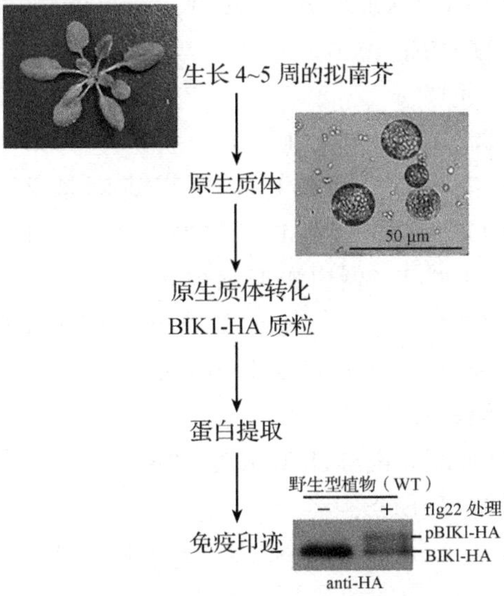

图 3-1　BIK1 磷酸化检测的实验流程

三、实验材料和仪器

1. 植物材料

生长 4～5 周的拟南芥(光周期 10 h 光照/14 h 黑暗,温度 22 ℃,湿度 70%～80%)。

2. 试剂

(1)原生质体提取和转化试剂

①酶解液:20 mmol/L MES (pH 5.7),20 mmol/L KCl,0.4 mol/L 甘露醇,1.5%(质量浓度)纤维素酶(Cellulase R10,Yakult,Japan),0.4%(质量浓度)离析酶(Macerozyme R10,Yakult,Japan),0.1%(质量浓度)牛血清白蛋白(bovine serum albumin,BSA),10 mmol/L $CaCl_2$。

②W5 溶液:2 mmol/L MES pH 5.7,154 mmol/L NaCl,125 mmol/L $CaCl_2$,5 mmol/L KCl。

③MMG 溶液：4 mmol/L MES pH 5.7，0.4 mol/L 甘露醇，15 mmol/L $MgCl_2$。

④聚乙二醇（PEG）4000 溶液：200 mmol/L 甘露醇，100 mmol/L $CaCl_2$，40%（质量浓度）PEG4000。

⑤35～75 μm 尼龙膜。

(2)蛋白提取和磷酸化检测试剂

①蛋白提取溶液：0.05 mol/L 4-羟乙基哌嗪乙磺酸（HEPES，pH 7.5)，0.15 mol/L KCl，0.001 mol/L 乙二胺四乙酸(EDTA，pH 8.0)，0.5%(体积分数)Triton X-100，1×蛋白酶抑制剂 cocktail，1 mmol/L DTT。

②蛋白上样缓冲液(4×)：0.2 mol/L Tris-HCl pH 6.8，3%(质量浓度)十二烷基硫酸钠(sodium dodecyl sulfate，SDS)，40%(体积分数)丙三醇，0.032%(体积分数)溴酚蓝。

③SDS-聚丙烯酰胺凝胶电脉(PAGE)缓冲液：25 mmol/L Tris，192 mmol/L 甘氨酸，0.1%(质量浓度)SDS。

④转膜缓冲液：25 mmol/L Tris，192 mmol/L 甘氨酸，20%(体积分数)甲醇。

⑤TBST：20 mmol/L Tris-HCl pH 7.6，150 mmol/L NaCl，0.1%(体积分数)吐温-20(Tween-20)。

⑥封闭液：5%(质量浓度)脱脂奶粉溶于 TBST。

⑦HA 抗体(康为试剂)。

⑧鼠的二抗(Sigma)。

⑨化学发光底物(ECL)检测试剂盒。

3. 主要仪器

电泳装置，离心机，转膜仪，蛋白成像系统。

四、实验步骤及解析

1. 原生质体提取

(1)拟南芥生长在 22 ℃，10 h 光照/14 h 黑暗的光周期，相对湿度 70%～80%的植物培养室中，生长 4～5 周的拟南芥用于原生质体的提取。

(2)将新鲜制备的 10～20 mL 酶解液倒入 100 mL 锥形瓶中，取幼嫩且完全伸展的叶子，用干净的手术刀片切成 0.5～1 mm 的叶条。转移到酶解液中将其完全浸没进行酶解。室温条件下，在水平摇床上 45 r/min 酶解 3 h。

(3)向酶解液中加入等体积的 W5 溶液，使用 35～75 μm 尼龙膜过滤叶片残渣，收集原生质体悬液于 50 mL 离心管中。室温 100*g* 离心 2 min，收集原生质体。弃去上清液，用 15 mL 的 W5 溶液轻柔清洗原生质体 2 次，最后加入 20 mL W5 溶液重悬原生体，冰上放置 30 min 以上。

(4)相同转速离心收集原生质体，弃去上层的 W5 溶液，加入适量的 MMG 溶液，在显微镜下调整原生质体的浓度为 2×10^5 细胞/mL，置于冰上待转化用。

2. 原生质体转化

(1)按照每 200 μL 原生质体转化 10 μg 质粒的比例，将 BIK1-HA 的质粒加入新的离心管中，加入对应体积的原生质体悬液和相同体积的 PEG4000 溶液。轻柔混匀后室温静置转化 10 min。

(2)加入 4 倍原生质体体积的 W5 溶液颠倒离心管混匀终止反应，常温条件下 180*g* 离心 2 min 收集原生质体。

(3)用适量的 W5 溶液清洗转化后的原生质体 2 次，每遍离心条件均为 150*g* 离心 2 min。

(4)加入适量体积的 W5 溶液，在弱光下倾斜静置孵育表达 8～16 h。

3. 蛋白提取

(1)将原生质体重悬，用 100 nmol/L 的 flg22 处理原生质体 2～5 min。在室温条件下，迅速用离心机 100*g* 离心 2 min，弃上清液后于液氮中迅速冷冻。

(2)向冷冻的原生质体中加入适量的蛋白提取缓冲液，涡旋悬浮并裂解细胞。

(3)冰上孵育 10 min 充分裂解植物细胞，于 4℃下 20 000*g* 离心 10 min 收集上清液为蛋白总提取液。

(4)在每个样品中加入 4× 的蛋白上样缓冲液，100 ℃孵育 5 min 进行蛋白质变性。

4. 磷酸化检测

(1)将蛋白样品进行 SDS-PAGE。

(2)将胶从凝胶板上分离，用去离子水冲洗去除胶上残留的 SDS-PAGE 缓冲液，通过湿印迹法将蛋白转移至聚偏二氟乙烯(PVDF)膜上，4 ℃下 100 V

转膜 90 min。

(3)从转移装置上取出 PVDF 膜，用 TBST 清洗 5 min，将膜在封闭溶液中室温孵育 1 h 或在 4 ℃下过夜，以防止抗体的非特异结合。

(4)按 1∶3 000 的比例将 HA 抗体加入封闭溶液中，对 PVDF 膜 4 ℃孵育过夜或室温孵育 1.5 h。

(5)室温条件下，在 TBST 溶液中清洗 PVDF 膜 3 次，每次 5 min。

(6)将膜放在含有 HRP 标记的二抗的封闭溶液中，室温轻轻摇动孵育 1 h。

(7)室温条件下，在 TBST 溶液中清洗 PVDF 膜 3 次，每次 5 min。用 ECL 检测试剂盒检测 BIK1-HA 蛋白磷酸化情况。

五、实验结果及案例

案例一

2010 年 4 月，中国周俭民课题组在 *Cell Host & Microbe* 发表了题为“Receptor-like cytoplasmic kinases integrate signaling from multiple plant immune receptors and are targeted by a *Pseudomonas syringae* effector”的研究论文。首次发现了 flg22 可以诱导 BIK1-HA 的磷酸化，且该磷酸化依赖于 flg22 的受体 FLS2。在野生型拟南芥原生质体中瞬时表达 BIK1-HA 蛋白，flg22 诱导 BIK1-HA 蛋白发生条带向上迁移，蛋白磷酸酶(PPase)具有去磷酸化的功能，PPase 的处理可以使 BIK1 的条带恢复到正常水平，表明 flg22 诱导了 BIK1-HA 的磷酸化(图 3-2A)。类受体胞质激酶 PBL1 是 BIK1 的同源蛋白，其蛋白也可以被 flg22 诱导磷酸化发生蛋白条带的迁移(图 3-2A)。另外 BIK1 磷酸化的发生是一个短暂事件，20 min 后可以恢复到正常水平(图 3-2B)。在 *fls2* 的突变体中，flg22 不能诱导 BIK1 的磷酸化，在 *fls2* 的原生质中瞬时表达 FLS2 能够恢复 flg22 诱导的 BIK1 的磷酸化(图 3-2B)。

案例二

2016 年 10 月，中国周俭民课题组在 *Cell Host & Microbe* 发表了题为“Activation-dependent destruction of a co-receptor by a *Pseudomonas syringae* effector dampens plant immunity”的研究论文。在拟南芥中 flg22 诱导的 BIK1-HA 磷酸化依赖共受体 BAK1，本研究发现，丁香假单胞菌效应蛋白 HopB1 是一个新的丝氨酸蛋白酶，能够在特异的位点对 BAK1 进行剪切，进

而抑制 BIK1 的磷酸化(图 3-3),阻断植物对细菌的识别。

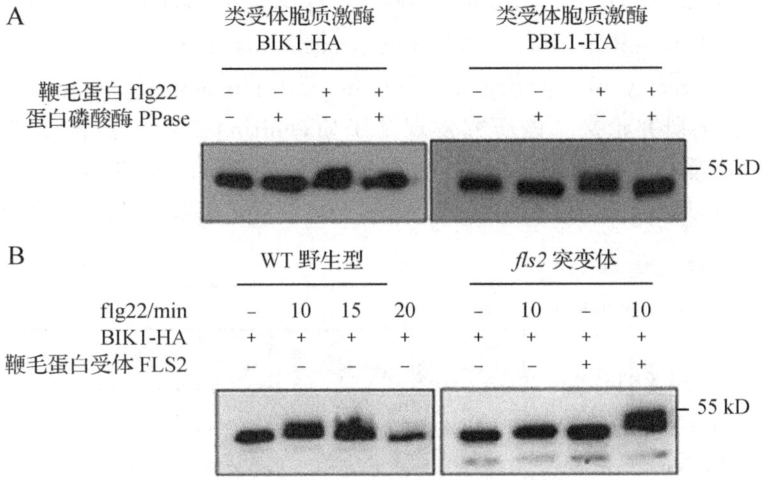

图 3-2　flg22 诱导拟南芥 BIK1 的磷酸化(改自 Zhang 等,2010)

A. flg22 可以诱导类受体胞质激酶 BIK1 和 PBL1 发生磷酸化从而出现蛋白条带向上迁移。

B. flg22 诱导的 BIK1 磷酸化依赖于 flg22 的受体 FLS2。

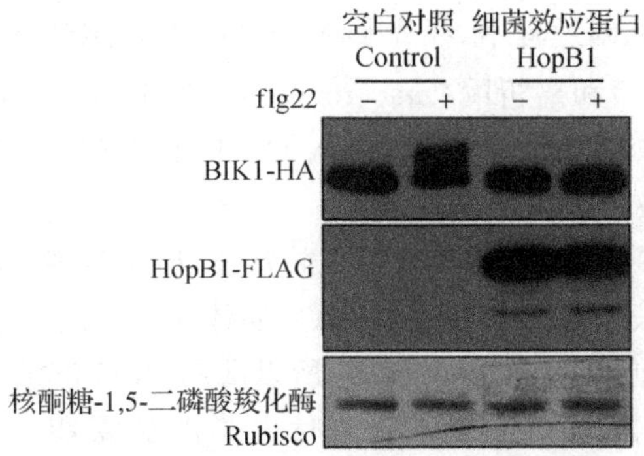

图 3-3　HopB1 可以抑制 flg22 诱导的 BIK1 磷酸化(改自 Li 等,2016)

BIK1-HA 和 HopB1-FLAG 在野生型拟南芥原生质体中共表达,用 1 μmol/L flg22 处理 10 min 后提取蛋白,通过蛋白质免疫印迹(Western blot)检测蛋白 BIK1-HA 的磷酸化。Rubisco 染色用来显示每个样品上样量的一致性。

案例三

2013 年 3 月，日本 Tsutomu Kawasaki 课题组在 *Cell Host & Microbe* 发表了题为“A receptor-like cytoplasmic kinase targeted by a plant pathogen effector is directly phosphorylated by the chitin receptor and mediates rice immunity”的研究论文。该研究发现几丁质(chitin)处理水稻悬浮细胞可以引起水稻类受体胞质激酶 RLCK185 磷酸化，发生条带的迁移(图 3-4)，并且这种磷酸化可以被细菌碱性磷酸酶(bacterial alkaline phosphatase，BAP)抑制。

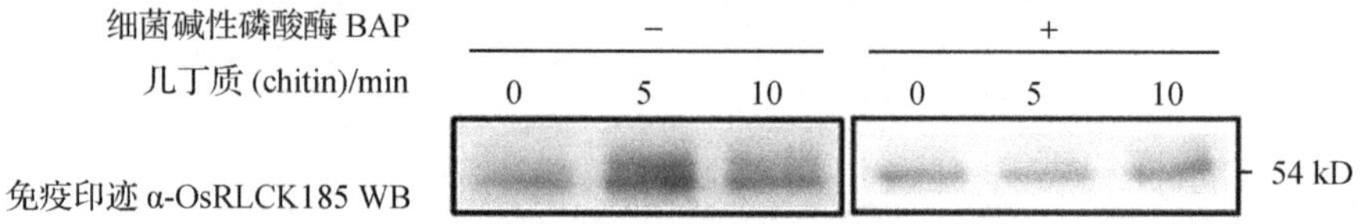

图 3-4　chitin 诱导水稻 RLCK185 的磷酸化(改自 Yamaguchi 等，2013)

chitin 的使用浓度为 2 μg/mL，先用 RLCK185 的抗体将 RLCK185 蛋白进行免疫沉淀，再用 RLCK185 抗体进行条带迁移检测。

六、注意事项

1. 酶解液的配制过程中，要先加入 H_2O、MES、KCl 和甘露醇后，再加入纤维素酶(cellulose)和离析酶(macerozyme)，在 55 ℃下孵育 10 min 有助于酶溶解。将酶解液冷却至室温后，加入 $CaCl_2$ 和 BSA，然后用 0.45 μmol/L 的滤头过滤酶解液以去除杂质和细菌。

2. W5 溶液最好现用现配，配好可放常温，使用时现过滤膜。

3. MMG 溶液应在 4 ℃保存，为原生质体转化备用。

4. 由于 PEG 吸水后体积会膨胀，所以配制 PEG 溶液时必须在定容前给 PEG 留出一部分体积。配制该溶液时先溶解甘露醇(mannitol)和 $CaCl_2$ 后，再加入 PEG，65 ℃水浴加热 10 min 至完全溶解后，再定容至最终体积。溶解过程要摇一摇，溶解完成后不要立即放冰上，否则又会结块。

5. 健康的植物对原生质体的转化效率和蛋白磷酸化的诱导非常重要。一般选择幼嫩且完全展开的叶子(通常是第 5～8 片真叶)。在 10 mL 酶溶液中酶解 20 片叶子，大约能产生 10^6 个原生质体。

6. 原生质体转化中，加入 PEG 时要迅速轻柔混匀，勿使原生质体成团。

原生质体的转化体系一定要按比例放大，否则 PEG 浓度的改变会导致转化效率降低。

7. 原生质体很容易破碎，操作过程要轻柔，用移液器吸取原生质体时，可剪去枪头尖，以免吸破原质体。

8. 不同样品中 BIK1-HA 的蛋白量保持一致很重要，同一次实验每个样品原生质体转化时细胞浓度和质粒加入量要保持一致。

9. 检测 BIK1 的磷酸化，用 flg22 处理瞬时表达 BIK1-HA 的原生质体效果好于直接处理 BIK1-HA 的转基因小苗，可能的原因是 flg22 与原生质体细胞接触更充分，诱导效果更好。

七、思考题

1. 结合实验操作体会，试述在实验过程中应如何避免 BIK1 的降解和去磷酸化？

2. BIK1 磷酸化检测方法有哪些？试述它们之间的优缺点。

八、参考文献

Li L，Kim P，Yu L，et al，2016. Activation-dependent destruction of a co-receptor by a *Pseudomonas syringae* effector dampens plant immunity [J]. Cell Host Microbe，20：504-514.

Li L，Li M，Yu L，et al，2014. The FLS2-associated kinase BIK1 directly phosphorylates the NADPH oxidase RbohD to control plant immunity [J]. Cell Host Microbe，15：329-338.

Liang X，Zhou J M，2018. Receptor-like cytoplasmic kinases：central players in plant receptor kinase-mediated signaling [J]. Annu Rev Plant Biol，69：267-299.

Liu Z，Hou S，He P，2024. Detection of ligand-induced receptor kinase and signaling component phosphorylation with Mn^{2+}-Phos-tag SDS-PAGE [J]. Methods Mol Biol，2731：205-214.

Yamaguchi K，Yamada K，Ishikawa K，et al，2013. A receptor-like cytoplasmic kinase targeted by a plant pathogen effector is directly phosphorylated by the chitin receptor and mediates rice immunity [J]. Cell Host

Microbe,13: 347-357.

Zhang J, Li W, Xiang T, et al, 2010. Receptor-like cytoplasmic kinases integrate signaling from multiple plant immune receptors and are targeted by a *Pseudomonas syringae* effector [J]. Cell Host Microbe,7: 290-301.

实验四　丝裂原活化蛋白激酶(MAPK)的激活检测

一、实验背景

丝裂原活化蛋白激酶(mitogen-activated protein kinase,MAPK)级联是真核生物信号传递网络中的重要途径之一,在调节细胞的生长发育和响应外界环境刺激过程中的发挥着重要的作用。MAPK 级联由 Ser/Thr 蛋白激酶的 3 部分组成,包括丝裂原活化蛋白激酶激酶激酶(MAP3K/MAPKKK/MEKK/MKKK)、丝裂原活化蛋白激酶激酶(MAP2K/MAPKK/MEK/MKK)和丝裂原活化蛋白激酶(MAPK/MPK),通过依次磷酸化将上游信号传递至下游转录因子、蛋白激酶等底物,以实现外部信号和细胞反应之间的信号传递和整合。定位于植物细胞质膜的模式识别受体 PRR 识别 PAMP 后通常伴有快速的 MAPK 的激活,在几分钟之内就可以被检测到,然后逐渐降低。

拟南芥基因组中包含 80 个 *MAPKKK* 基因,10 个 *MAPKKK* 基因和 20 个 *MAPK* 基因;水稻基因组包含 74 个 *MAPKKK* 基因,8 个 *MAPKK* 基因和 17 个 *MAPK* 基因。目前的研究发现,MAPK 级联在植物的免疫应答过程中发挥了重要作用,在拟南芥的原生质体中,外源施加的 flg22 可以通过模式识别受体 FLS2 激活 MAPK 级联复合物(MEKK1,MKK4/MKK5,MPK3/MPK6)和下游的转录因子 WRKY22/WRKY29(Asai 等,2002),进而提高了植物植保素的合成与抗病基因的转录;在水稻的悬浮细胞中,外源施加的 chitin 可以通过两个 PRR OsCEBiP 和 OsCERK1 来激活 OsMPK3、OsMPK4 和 OsMPK6(Wang 等,2017),因此 MAPK 的激活反应也被广泛应用于早期 PTI 应答的检测中。

二、实验原理

MAPK 通路在哺乳动物中有 4 种主要的分支路线:细胞外调节蛋白激酶(extracellular regulated protein kinase,ERK)、c-Jun 氨基末端激酶(c-Jun N-terminal kinase,JNK)、p38/MAPK 和 ERK5。目前已鉴定的植物的 MAPK 与

哺乳动物中的细胞外信号调节激酶 ERK1/ERK2 型(p42/p44)MAPK 具有高度的序列相似性及相同的磷酸化激活特征，而 ERK1/2 激酶作为哺乳动物中最经典的 MAPK，可以磷酸化百种下游细胞质和细胞核底物，在胞外信号向胞内传递过程中发挥着重要作用。ERK1/ERK2 MAPK 的激活依赖于上游 MEK 对其 Thr202 和 Tyr204 的磷酸化，因此用一段经过修饰的含有磷酸化 Thr202/Tyr204 的人 MAPK 多肽为抗原，通过免疫动物就可以制备出抗 Phospho-p44/42 MAPK(Thr202/Tyr204)的抗体，该抗体也可以用于对拟南芥中 MPK6 和 MPK3 的磷酸化进行检测。当植物细胞膜上的 PRR 识别来源于微生物相关分子模式(microbe-associated molecular pattern，MAMP)时，会迅速激活 MAPK 信号通路(图 4-1A)，进而通过磷酸化下游靶蛋白来调控植物的免疫应答反应。

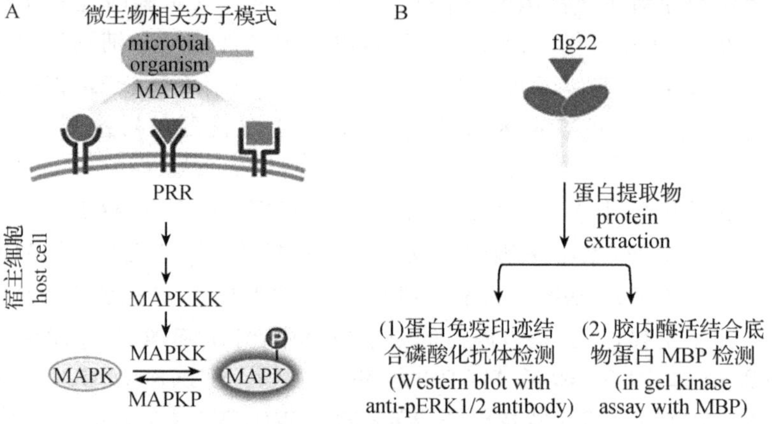

图 4-1　MAPK 激活示意图(改自 Chung 和 Sheen，2017)

A. MAMP 通过 PRR 激活宿主体内 MAPK 信号级联途径的示意图。B. 检测拟南芥幼苗中 flg22 诱导的 MAPK 磷酸化的两种方法。髓鞘碱性蛋白(myelin basic protein，MBP)是磷酸化实验的通用底物。

三、实验材料和仪器

1. 植物材料

生长 2 周左右的平板拟南芥幼苗(光周期 10 h 光照/14 h 黑暗，温度 22 ℃，湿度 70%～80%)。

2. 试剂

(1)flg22(生工合成):2 mmol/L 溶于超纯水,保存于−20 ℃。

(2)anti-Phospho-p44/42 MAPK 抗体(Cell Signaling Technology),保存于−20 ℃。

(3)Silwet L-77(兰博利德)。

(4)蛋白上样缓冲液(4×):0.2 mol/L Tris-HCl pH 6.8,3%(质量浓度)SDS,40%(体积分数)甘油,0.032%(体积分数)溴酚蓝。

(5)1/2 MS 固体培养基:2.2 g/L Murashige and Skoog,10 g/L 蔗糖,8 g/L 琼脂,用 KOH 将 pH 调为 5.8。

3. 主要仪器

光照培养箱,电泳仪,转膜仪,组织研磨仪。

四、实验步骤及解析

1. 将拟南芥种子播种在 1/2 MS 平板中,置于 4 ℃冰箱春化 2 d。

2. 将平板置于拟南芥温室或光照培养箱中培养 2 周。

3. 用 ddH_2O 配制免疫激发试剂,其中含有 1 μmol/L flg22 和 0.025%(体积分数)Silwet L-77,用喷壶把它们均匀地喷洒在拟南芥表面,并在相应的时间点取样,速冻于液氮中。

4. 用组织研磨仪破碎植物叶片,加入蛋白上样缓冲液。

5. 电泳分离蛋白,anti-Phospho-p44/42 MAPK 抗体检测 MAPK6/3 的磷酸化程度。

6. 免疫印迹结束后,进行丽春红或考马斯亮蓝染色,确认每个样品的蛋白上样量一致。

五、实验结果及案例

案例一

2017 年 8 月,中国刘俊课题组在 *Plant Physiology* 发表了题为"A lectin receptor-like kinase mediates pattern-triggered salicylic acid signaling"的研究论文。flg22 处理可以激活拟南芥中的 MAPK 信号通路。该研究发现,在拟南芥 L 型凝集素受体激酶 *lecrk-IX.2* 的突变体里,flg22 处理后 15 min 内,MAPK 激活在 *lecrk-IX.2* 的突变体里明显低于野生型植物(图 4-2),

表明 LecRK-IX.2 参与了 MAPK 信号的激活过程。

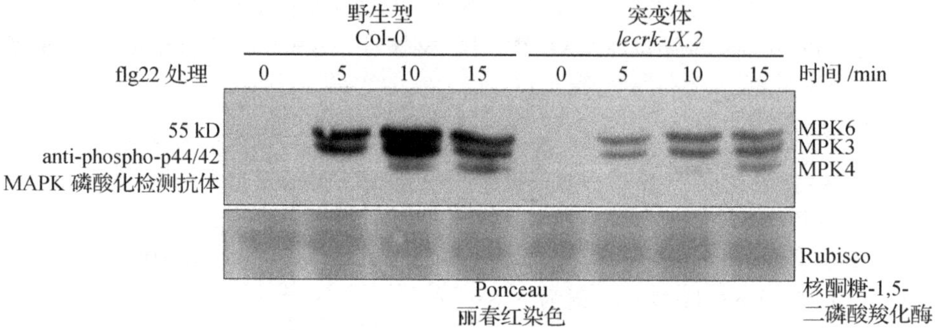

图 4-2 拟南芥中 flg22 诱导的 MAPK 激活(改自 Luo 等,2017)

flg22 的使用浓度为 1 μmol/L,植物为生长 3 周的拟南芥幼苗,

丽春红可以用来对 Rubisco 进行染色。

案例二

2017 年 3 月,日本 Tsutomu Kawasaki 课题组在 *Plant & Cell Physiology* 发表了题为"Conservation of chitin-induced MAPK signaling pathways in rice and *Arabidopsis*"的研究论文。OsMAPKKK11 和 OsMPKKK18 为水稻中的同源蛋白,该研究发现在 *OsMAPKKK11* 和 *OsMPKKK18* 基因被 RNAi 同时沉默的两株转基因水稻中,chitin 诱导的 MAPK 激活明显低于野生型水稻(图 4-3),表明 OsMAPKKK11 和 OsMPKKK18 参与了水稻中 MAPK 信号通路的激活。

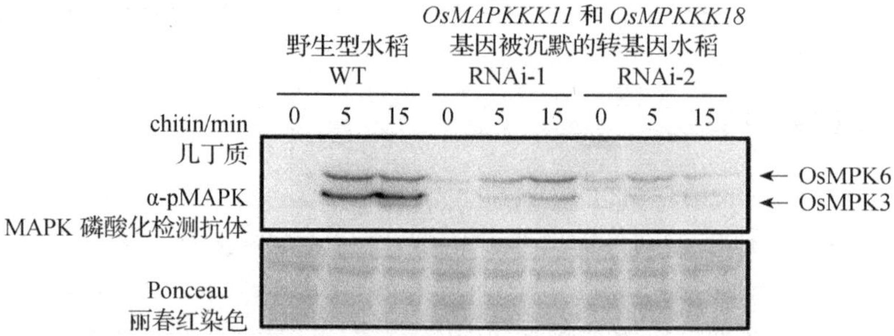

图 4-3 水稻中 chitin 诱导的 MAPK 激活(改自 Yamada 等,2017)

chitin 的使用浓度为 2 μg/mL,水稻样品为摇培的水稻悬浮细胞,

丽春红可以用来对 Rubisco 进行染色。

案例三

2021 年 4 月，中国刘俊课题组在 *Nature Communications* 发表了题为“Poaceae-specific cell wall-derived oligosaccharides activate plant immunity via OsCERK1 during *Magnaporthe oryzae* infection in rice”的研究论文。该研究发现，MoCel12A 是稻瘟菌分泌的具有切割葡聚糖功能的内切酶，酵母表达的 MoCel12A 蛋白与水稻细胞壁（cell wall，CW）共同孵育后的产物，可以激活水稻悬浮细胞 MAPK 的磷酸化（图 4-4A），而将 MoCel12A 潜在的酶活位点（第 153 位和 238 位的谷氨酸）进行突变后，该蛋白的酶学活性几乎完全丧失，与 CW 共同孵育后的产物也无法激活 MAPK 信号通路（图 4-4B）。

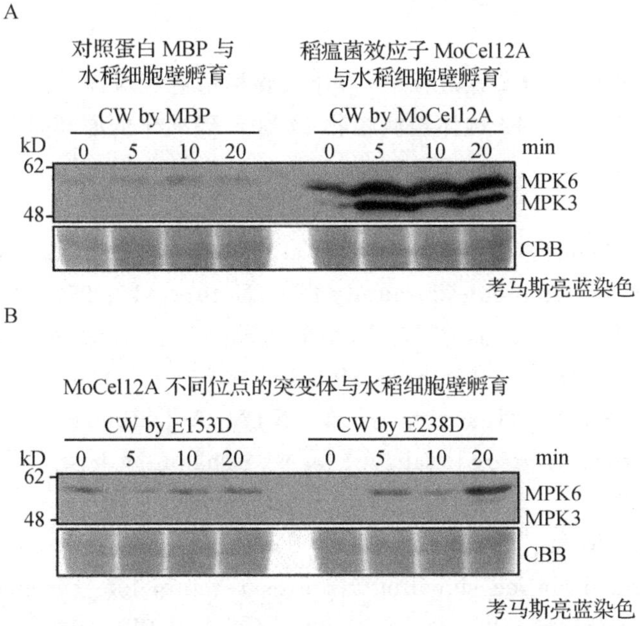

图 4-4　MoCel12A 通过降解水稻细胞壁激活植物免疫反应（改自 Yang 等，2021）

A. MoCel12A 用 HIS 标签进行酵母细胞表达，使用浓度为 1 μg/mL。B. 酶活位点突变的 $MoCel12A^{E153D}$ 和 $MoCel12A^{E238D}$ 无法通过降解水稻细胞壁激活 MAPK 信号通路。

六、注意事项

1. MAPK 的激活非常迅速，通常在 1 h 内就会达到峰值并下降，因此取样时需严格按照时间点迅速速冻完成。

2. 多种刺激都可以引起 MAPK 的激活，因此在整个操作过程中，需避免对样品的机械伤害。

3. 拟南芥样品通常采用生长 1～2 周的幼苗或原生质体，水稻样品通常用悬浮细胞或原生质体。

4. 因为 MPK6、MPK3 和 MPK4 的条带大小都集中 37～50 kD，为了更好地对相应条带进行分离，可使用浓度较低的蛋白胶，如 10% SDS 聚丙烯酰胺凝胶对蛋白样品进行分离。

5. 水稻中 MAPK 的磷酸化，通常需要 α-p38 MAPK 抗体进行检测。

七、思考题

1. MAPK 的激活实验过程中，为什么要尽量避免对样品的机械损伤？

2. Phospho-p44/42 抗体检测植物 MAPK 磷酸化的原理是什么？

八、参考文献

Asai T, Tena G, Plotnikova J, et al, 2002. MAP kinase signalling cascade in *Arabidopsis* innate immunity [J]. Nature, 415: 977-983.

Chung H S, Sheen J, 2017. MAPK assays in *Arabidopsis* MAMP-PRR signal transduction [J]. Methods Mol Biol, 1578: 155-166.

Luo X, Xu N, Huang J, et al, 2017. A lectin receptor-like kinase mediates pattern-triggered salicylic acid signaling [J]. Plant Physiol, 174: 2501-2514.

Wang C, Wang G, Zhang C, et al, 2017. OsCERK1-mediated chitin perception and immune signaling requires receptor-like cytoplasmic kinase 185 to activate an MAPK cascade in rice [J]. Mol Plant, 10: 619-633.

Yamada K, Yamaguchi K, Yoshimura S, et al, 2017. Conservation of chitin-induced MAPK signaling pathways in rice and *Arabidopsis* [J]. Plant Cell Physiol, 58: 993-1002.

Yang C, Liu R, Pang J, et al, 2021. Poaceae-specific cell wall-derived oligosaccharides activate plant immunity via OsCERK1 during *Magnaporthe oryzae* infection in rice [J]. Nat Commun, 12: 2178.

实验五 胼胝质沉积检测

一、实验背景

胼胝质(callose)是一种以 β-1,3-糖苷键相连的高分子葡聚糖,存在于多种植物组织中,在植物免疫过程和生长发育中发挥着重要功能(Ellinger 和 Voigt,2014)(图 5-1)。病原菌的攻击能够诱发胼胝质在寄主侵染位置附近的质膜和细胞壁间快速沉积,形成一种物理障碍,限制病原菌的扩展。沉积的胼胝质可以增加植物细胞壁厚度,抑制真菌分泌的细胞壁降解酶对细胞壁的降解。胼胝质沉积还可以诱导植物产生一些抗病相关基因的表达,这些基因的蛋白产物可以进一步增强植物的免疫反应和抗病能力。此外,胼胝质作为基质,可为多种抗菌化合物提供依附介质。因此,胼胝质沉积是植物 PTI 免疫的重要反应之一。与 ROS 爆发、MAPK 激活等其他 PTI 免疫检测指标相比,胼胝质沉积是发生较晚的防御反应,一般出现在侵染几个小时以后。在植物与微生物相互作用的过程中,病原菌的 PAMPs,如 flg22 等能够诱导植物的胼胝质沉积(Luna 等,2011)。因此,观察植物的胼胝质沉积情况是评估植物抗病能力的重要指标之一。

二、实验原理

苯胺蓝(aniline blue)是一种有机染色剂,它通过分子间的相互作用实现对胼胝质的显色反应。苯胺蓝的分子结构中含有苯胺基团和蓝色基团,苯胺基团具有亲水性,可以与胼胝质分子中的羟基发生氢键作用,使染料和胼胝质之间形成稳定的结合。其蓝色基团则赋予染料分子吸收光谱的特性,在紫外光激发下,发出波长在 400～500 nm 范围的蓝光,荧光强度在碱性条件下可达到峰值,胼胝质沉积的多少能够直接反映植物抵抗病原菌的能力。

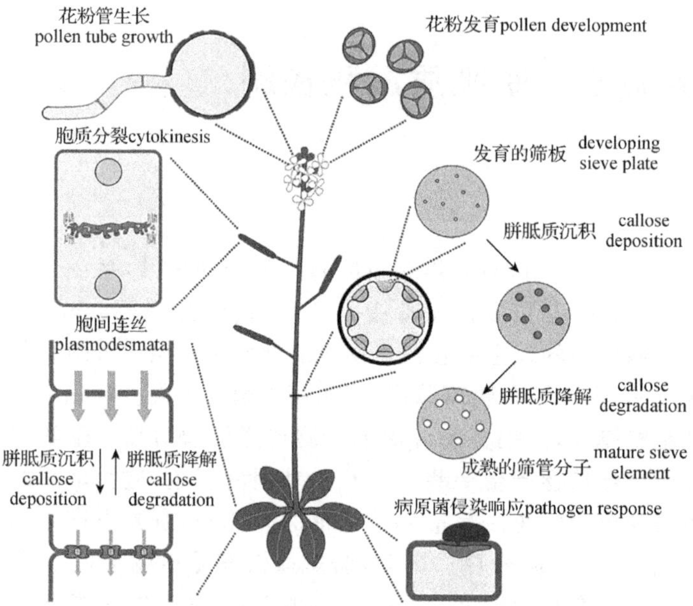

图 5-1 彩图

图 5-1　胼胝质沉积参与多种拟南芥生长发育和胁迫响应过程（改自 Ušák 等，2023）

胼胝质沉积参与拟南芥花粉管发育、胞质分离、胞间连丝形成、抵御病原菌侵染等生物学过程，红色代表胼胝质。

三、实验材料和仪器

1. 植物材料和菌株

生长 4～5 周的野生型拟南芥 Col-0（光周期 10 h 光照/14 h 黑暗，温度 22 ℃，湿度 70%～80%）；丁香假单胞菌（*Pseudomonas syringae* pv. *tomato*，*Pst*）。

2. 试剂

（1）King's B（KB）培养基（1 L）：20 g 蛋白胨，15 mL 甘油，1.5 g K_2HPO_4，1.5 g $MgSO_4 \cdot 7H_2O$，18 g 琼脂，用 ddH_2O 定容到 1 L。121 ℃ 灭菌至少 15 min，使用前加入适当抗生素。

（2）FAA 固定液：10%（体积分数）甲醛，5%（体积分数）乙酸，50%（体积分数）乙醇。

（3）苯胺蓝染色液（100 mL）：0.01 g 苯胺蓝溶于 150 mmol/L K_2HPO_4

(pH=9.5)中。

(4)flg22(生工合成):2 mmol/L 溶于超纯水,保存于-20 ℃。

(5)10 mmol/L $MgCl_2$ 溶液。

(6)95%(体积分数)乙醇溶液。

3. 主要仪器

配备有紫外灯、紫外滤光片和相机的显微镜,分光光度计,金属浴,真空泵,摇床。

四、实验步骤及解析

1. 取出-80 ℃保存的丁香假单胞菌 *Pst*,在加了相应抗生素的 KB 平板上划线活化菌株。

2. 接种前一天晚上挑取少量活化的菌体接种于 2 mL 加了相应抗生素的 KB 液体培养基中,28 ℃振荡培养过夜。

3. 室温条件下,4 000 r/min 离心 5 min 收集菌体,用 2 mL 灭菌水重悬清洗菌液 2~3 次,每次 4 000 r/min 离心 5 min。

4. 用 10 mmol/L $MgCl_2$ 溶液重悬菌体,调整细菌悬浮液的 OD_{600} 至 0.02(OD_{600}=1.0 相当于 5×10^8 CFU/mL)。

5. 选取 4~5 周生长状态良好的拟南芥叶片,长度不超过 2 cm。每种处理需要 6 片叶子,取自两株植物(即每株植物 3 片叶子)。使用 1 mL 的无针注射器,从叶片的背面注射 *Pst* 或者 flg22,*Pst* 的浓度为 1×10^7 CFU/mL(OD_{600}=0.02),flg22 的浓度为 1 μmol/L,10 mmol/L $MgCl_2$ 作为对照。用吸水纸轻轻吸去叶片表面残留的接种菌液或溶液,让浸润的叶子干燥约 30 min 后放回正常的生长环境中。

6. 注射 16 h 后收集叶片,将叶片浸泡在 FAA 固定液中固定 12 h,然后转移至 95%乙醇溶液中脱色 6 h,脱色完成的叶片再用苯胺蓝染色液染色 1 h。

7. 将染好的叶片固定在荧光显微镜下观察胼胝质的沉积,从单片叶子的 3~5 个随机区域获取图像并拍照。

8. 用 Image J 软件对单位面积内胼胝质进行统计。

五、实验结果及案例

案例一

2019 年 1 月,美国陈志祥教授课题组在 *The Plant Cell* 发表了一篇题为

"*Arabidopsis* ER-localized UBAC2 proteins interact with PAMP-INDUCED COILED-COIL to regulate pathogen-induced callose deposition and plant immunity"的研究论文，该研究在拟南芥中揭示了一种新的与胼胝质合酶(POWDERY MILDEW RESISTANT 4,PMR4)积累和胼胝质沉积相关的抗病机制。拟南芥中含有两个编码UBAC2(ubiquitin-associated domain-containing protein 2)同源蛋白的基因*UBAC2a*和*UBAC2b*，研究发现UBAC2是一种与内质网质量控制(endoplasmic reticulum quality control,ERQC)有关的保守的ER蛋白。在*ubac2a*/*ubac2b*双突变体中，病原菌侵染所诱导的胼胝质积累明显减少(图5-2A和B)，flg22和细菌延伸因子Tu的N末端表位elf18所诱导的胼胝质积累也明显减少(图5-2C和D)。进一步研究表明*ubac2*突变体中胼胝质沉积减少是由胼胝质合酶PMR4的积累量降低引起的，*PMR4*基因的组成型过表达可以恢复*ubac2*突变体中病原菌诱导的胼胝质积累。

案例二

2023年6月，法国Manfred Heinlein课题组在*The Plant Cell*发表了题为"DsRNA-induced immunity targets plasmodesmata and is suppressed by viral movement proteins"的研究论文。该研究表明，双链RNA(dsRNA)诱导的PTI可以通过触发胼胝质在胞间连丝上的沉积来限制病毒感染的进程。聚肌苷酸胞苷酸poly(I:C)是一种合成的dsRNA类似物，也是一种与病毒感染相关的分子模式，在哺乳动物中，poly(I:C)可被Toll样受体3(TLR3)识别，诱导核因子κB(nuclear factor kappa-B,NF-κB)的活化和细胞因子的产生，调节人体的免疫功能。在植物中，poly(I:C)处理烟草叶后，可以在植物组织的胞间连丝处引起胼胝质的积累，并具有浓度依赖性(图5-3)。

案例三

2024年2月，中国唐定中课题组在*Journal of Experimental Botany*发表了题为"Receptor-like kinases OsRLK902-1 and OsRLK902-2 form immune complexes with OsRLCK185 to regulate rice blast resistance"的研究论文。该研究发现，水稻中的两个类受体激酶RLK902-1和RLK902-2能够与类受体胞质激酶RLCK185形成复合体从而正调控水稻对稻瘟病的抗性。用几丁质(chitin)处理野生型水稻ZH11和*osrlk902-1*、*osrlk902-2*、*osrlk902-1*/*osrlk902-2*三种水稻突变体水稻后，突变体中产生的胼胝质积累明显减少，表明OsRLK902-1和OsRLK902-2正调控水稻对稻瘟病的抗性(图5-4)。

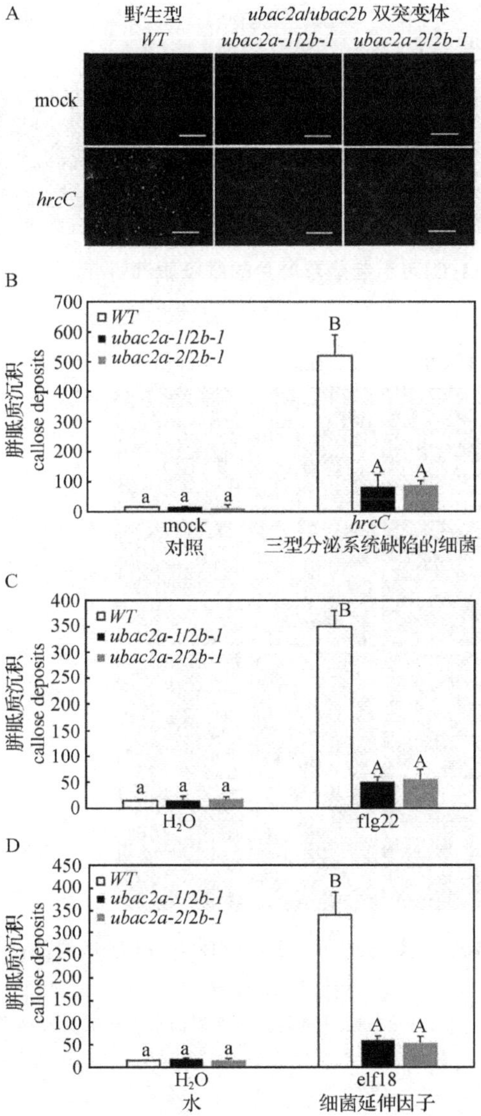

图 5-2 *ubac2* 双突变体中病原菌侵染所诱导的胼胝质积累减少(改自 Wang 等,2019)

A,B. 用 *Pst hrcC* 接种野生型(WT)、*ubac2a-1/2b-1* 和 *ubac2a-2/2b-1* 双突变体拟南芥,16 h 后观察三种植株中的胼胝质沉积(A)及进行定量分析(B)。C,D. 用 1 μmol/L flg22 和 1 μmol/L elf18 处理野生型、*ubac2a-1/2b-1* 和 *ubac2a-2/2b-1*,16 h 后对三种植株中的胼胝质沉积进行定量分析,H_2O 作为对照(Duncan's multiple range test;$P = 0.01$)。

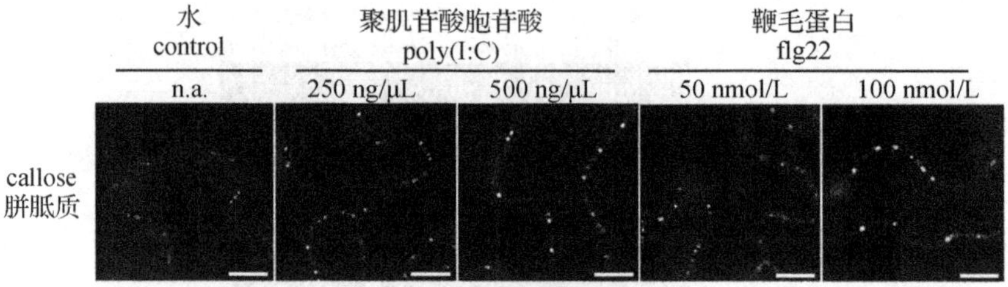

图 5-3　poly(I:C)可引起烟草叶片的胼胝质沉积(改自 Huang 等,2023)

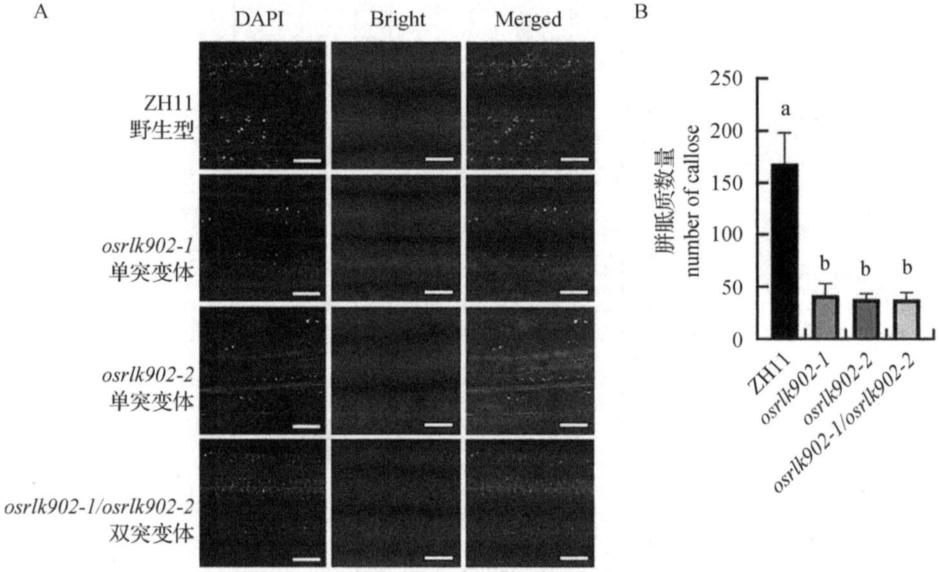

图 5-4　*osrlk902-1* 和 *osrlk902-2* 突变体中 chitin 诱导的胼胝质积累减少

(改自 Liang 等,2024)

A. 用 20 μg/mL 的 chitin 处理生长 2 周的水稻幼苗。B. 对胼胝质的数量进行统计(One-way ANOVA;$P<0.05$)。

六、注意事项

1. 根据实验需求,对照组应注射相应溶液或 ddH_2O,注射时用力要轻柔,不要损伤叶片。

2. 使用苯胺蓝进行的胼胝质染色在碱性条件下才能达到最佳荧光效果，苯胺蓝的加入会影响溶液的 pH，因此需要在加入苯胺蓝后，再调整 pH 到 9.5。

3. 染色溶液需要现用现配，溶液最初呈现蓝紫色，在染色过程中颜色会逐渐褪去，这不会影响染色效果。不建议将叶片染色过长时间，因为这会使叶片进一步软化，增加后续固定的难度。

4. 在获取图像时尽量避开注射位置，因为机械损伤也可以诱导胼胝质沉积，因此在该区域可能会观察到更多的胼胝质沉积。

七、思考题

1. 胼胝质沉积为什么可以用来作为 PTI 免疫的指标？

2. 根据实验操作体会，试述在苯胺蓝染液配制中最需要注意哪些问题。

八、参考文献

Ellinger D, Voigt C A, 2014. Callose biosynthesis in *Arabidopsis* with a focus on pathogen response: what we have learned within the last decade [J]. Ann Bot, 114: 1349-1358.

Huang C, Sede A R, Elvira-González L, et al, 2023. DsRNA-induced immunity targets plasmodesmata and is suppressed by viral movement proteins [J]. Plant Cell, 35: 3845-3869.

Liang J, Lu L, Zhou H, et al, 2024. Receptor-like kinases OsRLK902-1 and OsRLK902-2 form immune complexes with OsRLCK185 to regulate rice blast resistance [J]. J Exp Bot, 75: 1565-1579.

Luna E, Pastor V, Robert J, et al, 2011. Callose deposition: a multifaceted plant defense response [J]. Mol Plant Microbe Interact, 24: 183-193.

Ušák D, Haluška S, Pleskot R, 2023. Callose synthesis at the center point of plant development: an evolutionary insight [J]. Plant Physiol, 193: 54-69.

Wang Z, Li X, Wang X, et al, 2019. *Arabidopsis* endoplasmic reticulum-localized UBAC2 proteins interact with PAMP-INDUCED COILED-COIL to regulate pathogen-induced callose deposition and plant immunity [J]. Plant Cell, 31: 153-171.

实验六　实时荧光定量 PCR 检测免疫相关基因表达

一、实验背景

植物在受到病原体侵染时，位于细胞质膜的 PRR 识别 PAMP 后，会激活一系列信号转导途径，包括 MAPK 信号途径、Ca^{2+} 信号途径等。免疫信号向下传递，会快速激活多种防御相关基因的表达，如病程相关基因、过氧化酶、抗病相关的激素信号通路基因等，因此这些基因的表达可以作为植物响应病原体入侵的早期指标(Chen 和 Ronald，2011)。病程相关蛋白质(pathogenesis-related protein，PR)是防卫体系的重要组成部分，水稻中有 900 多个 *PR* 基因，在水稻的生长发育过程和抗性反应中发挥重要作用，受多种植物激素、病原菌和非生物胁迫诱导。如水稻 *PR1* 家族属于类丝氨酸羧肽酶(serine carboxypeptidase-like protein，SCPL)，水稻中包含 99 个该家族成员。其中 *OsPR1a*(*Os07g0129200*)和 *OsPR1b*(*Os01g0382000*)受稻瘟菌、茉莉酸(jasmonic acid，JA)、水杨酸(salicylic acid，SA)、过氧化氢(H_2O_2)等的诱导，被广泛作为抗性反应的标志物(Agrawal 等，2001)。其他病程相关基因如 *OsPR4a*(*Os11g0592200*)、*OsPR5a*(*Os12g0628600*)和 *OsPR10a*(*Os12g0555200*)，苯丙氨酸脱氨酶 *PAL* 基因家族，转录因子 *WRKY45* 等也是水稻免疫中常用的标记基因。水杨酸(SA)、茉莉酸(JA)和乙烯(ethylene，ET)是 3 种抗病相关激素，它们的合成相关基因和信号通路关键基因也可在免疫反应中被诱导，如茉莉酸合成酶丙二烯氧化物合酶基因 *OsAOS2* 就是水稻免疫中常用的标记基因(Mei 等，2006)。

在拟南芥中，尽管 *PR1*(AT2G14610)的生化功能未知，但其也能够被多种病原菌诱导，具有抗真菌和卵菌活性，是常用的系统性免疫标记基因。此外，拟南芥中蛋白激酶 *FRK1* 和转录因子 *WRKY29*、*WRKY30*、*WRKY22* 等也是常用的 PTI 标记基因。用几丁质(chitin)或 flg22 等 PAMP 处理拟南芥或水稻幼苗，通过 qPCR 检测标记基因的表达量，可以验证植物中 PTI 免疫激活的快慢及强弱。

二、实验原理

实时荧光定量 PCR(RT-qPCR)技术是一种在 PCR 的反应体系中加入荧光基团,利用荧光信号积累实时监测整个 PCR 的进程,最后通过标准曲线对未知模板进行定量分析的方法。在荧光定量 PCR 中,荧光信号是由荧光探针或荧光 DNA 结合染料(如 SYBR Green)产生的,其强度与 PCR 产物分子的数量成正比。每个循环结束时,收集荧光信号强度,通过将荧光强度与循环数作图,生成扩增曲线,进而来表示整个 PCR 过程中产物的累积。通过这个过程,即可实现对起始模板的定量分析。

目前常用的 RT-qPCR 的检测方法有以下 2 种(图 6-1)。

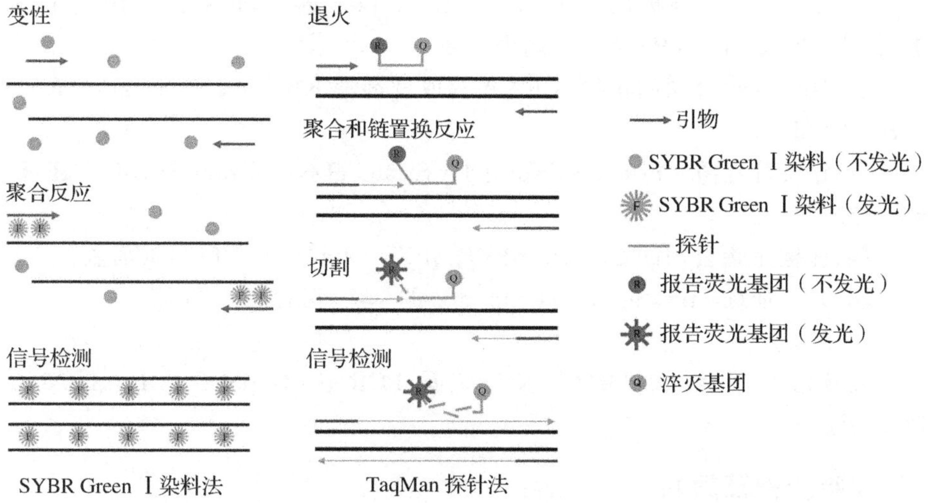

图 6-1 SYBR Green Ⅰ染料法与 TaqMan 探针法的原理示意图

1. SYBR Green Ⅰ染料法

在 PCR 的反应体系中,加入过量 SYBR 荧光染料,SYBR 荧光染料特异性地掺入 DNA 双链后,产生荧光信号,而不掺入链中的 SYBR 染料分子不会产生任何荧光信号,从而保证荧光信号的增加与 PCR 产物的增加完全同步(叶棋浓,2015)。

2. TaqMan 探针法

探针完整时,报告基团产生的荧光信号被淬灭基团吸收;PCR 扩增时,

Taq 酶的 5′→3′外切酶活性将探针酶切并降解，使报告荧光基团和淬灭荧光基团分离，使荧光监测系统可接收到荧光信号。每扩增一条 DNA 链，就有一个荧光分子形成，实现了荧光信号的累积与 PCR 产物的形成完全同步（张蓓和沈立松，2003）。

三、实验材料和仪器

1. 植物材料

在无菌 1/2 MS 培养基中生长 10 d 的水稻幼苗（光周期 14 h 光照/10 h 黑暗，温度 28 ℃，湿度 70%～80%）。

2. 试剂

(1) 1/2MS 培养基（1 L）：2.2 g/L Murashige and Skoog，10 g/L 蔗糖，8 g/L 琼脂，用 KOH 将 pH 调为 5.8。

(2)庄盟生物公司的植物总 RNA 提取试剂盒 KK Fast Plant Total RNA Kit（ZP405K）。

(3)诺唯赞生物公司的 HiScript Ⅱ 1st Strand cDNA Synthesis Kit（＋gDNA wiper）试剂盒。

(4)庄盟生物公司的 2×HQ SYBR qPCR Mix（Low ROX）试剂盒。

(5)几丁质（chitin，Sigma）：1 mg/mL 的母液，保存于－20 ℃。

3. 主要仪器

光照培养箱，组织研磨仪，荧光定量 PCR 仪，GenStar 0.1 mL 96 孔 PCR 板。

四、实验步骤及解析

1. 在 1/2 MS 培养基中培养无菌的水稻幼苗，取 10 d 左右的水稻幼苗用于 chitin 处理。

2. 将组培苗轻轻移入无菌的 1/2 MS 液体培养基中平衡 1～2 d，用工作浓度为 10 μg/mL 的几丁质处理水稻幼苗，分别在 0 h、3 h、6 h 取样，并迅速放入液氮中速冻。

3. 总 RNA 提取（根据商业化试剂盒进行水稻幼苗总 RNA 提取）。

4. RNA 纯度和完整度鉴定。

5. 紫外分光光度法测定 RNA 浓度和纯度：吸光度 260 nm/280 nm 比率

在 1.7～2.1 范围内说明 RNA 的纯度较好，RNA 产量会根据材料的类型和数量以及储存条件的不同而变化。

(1)RNA 条带完整度测定。

(2)取部分样本进行琼脂糖凝胶电泳，完整的 RNA 条带包括 28S、18S 和 5S 核糖体 RNA，28S/18S>2 意味着 RNA 具有较高的完整度。

6. 反转录得到 cDNA(根据商业化试剂盒进行基因组 DNA 去除，并反转录得到 cDNA)，获得的 cDNA 产物可以马上进行 RT-qPCR。

7. 荧光定量 PCR(RT-qPCR)

将获得的 cDNA 稀释合理倍数，用商业化试剂盒进行 RT-qPCR 检测，以庄盟生物公司的 2×HQ SYBR qPCR Mix(Low ROX)试剂盒为例，反应体系如下：

试剂	20 μL 反应体系
2×HQ SYBR qPCR Mix	10 μL
正向引物(forward primer)	1 μL
反向引物(reverse primer)	1 μL
cDNA	4 μL
ddH_2O	至 20 μL

反应程序如下：

程序	温度	时间	循环数
预变性	95 ℃	30 s	
变性	95 ℃	10 s	5～40
退火/延伸	60 ℃	30 s	
熔解曲线	仪器默认程序	60 s	

8. 数据分析

(1)主要名词

①基线：实时 PCR 的基线是指在 PCR 的初始循环期间的信号水平，通常是 3～15 的循环之间，此时荧光信号几乎没有变化，低信号可以被认为是背景或反应的“噪音”。基线应考虑，在消除早期扩增循环中背景的同时，不覆盖掉明显非背景的扩增信号。当比较不同的 qPCR 或实验时，应定义同一基线。

②阈值：qPCR 的阈值代表的是明显超出基线的扩增信号水平，用于区分明确的扩增信号和背景。通常，qPCR 仪器自带软件会自动将阈值设置为基线荧光值标准偏差的 10 倍。

③*Ct*：*Ct* 是指荧光信号超过阈值时对应的循环数。*Ct* 值与目的基因的起始量成反比，可用于计算 DNA 初始拷贝数。随着模板量减少，检测到产物的扩增循环数会增加。

④扩增曲线：早期循环中，荧光信号几乎没有变化。随着反应的进行，每个循环的荧光水平开始显著上升，被称为指数期。一般在指数期的早期阶段而不是后期的平台期进行定量分析。在指数阶段开始时，所有的试剂仍然是过量的，DNA 聚合酶的酶活也保持在较高水平，并且扩增产物量还较低，不会在退火时与引物竞争。这些因素都有助于更准确的定量。

⑤熔解曲线：熔解曲线描绘了随着反应温度升高，掺入染料分子的 dsDNA 解离成单链 DNA(ssDNA)时的荧光变化。例如，加热温度达到解链温度（T_m）时，结合 SYBR Green Ⅰ染料的 dsDNA 解离而释放出染料，荧光信号会急剧降低。可以根据熔解曲线来判断 qPCR 反应的特异性，特异性扩增的熔解曲线是一个紧密的单峰。

(2)数据处理

采用比较阈值法（$2^{-\Delta\Delta Ct}$）对实时荧光定量结果进行分析。

此方法基于 2 个假设：①扩增效率为 100%，即每个 PCR 循环产物的量都翻倍，这可以通过扩增效率的验证来解决；②有合适的内参基因以纠正上样量的误差。

步骤：①选择合适的内参基因；②内参基因与靶基因扩增效率验证；③统计学分析，处理组与未处理组之间经转换后 *Ct* 的比较；④得出结论，相对于未处理组，处理组中靶基因的表达相对于内参基因的改变倍数。最终计算公式为：

$$\Delta\Delta Ct=(Ct_{\text{靶基因}}-Ct_{\text{内参基因}})_{\text{处理组}}-(Ct_{\text{靶基因}}-Ct_{\text{内参基因}})_{\text{未处理组}}$$

五、实验结果及案例

案例一

2024 年 3 月，中国孙文献/汪激扬团队在 *The Plant Cell* 发表了题为 “The OsCPK17-OsPUB12-OsRLCK176 module regulates immune homeostasis in rice”的研究论文。钙依赖蛋白激酶(calcium-dependent protein kinase,CDPK 或 CPK)是植物中具有结合钙离子并传递磷酸化信号双重功能的蛋白,该研究揭示了 OsCPK17 与 OsPUB12 在水稻免疫中的作用。水稻在病原菌侵染时,OsCPK17 能磷酸化免疫核心元件 OsRLCK176,从而抑制 OsPUB12 对 OsRLCK176 的泛素化降解,增强植物的免疫。研究结果显示,在 *oscpk17* 突变体中,flg22 和几丁质(chitin)诱导的病程相关的标记(marker)基因,如 *OsPR5*、*OsPR1a* 和 *OsWRKY45* 的表达量较野生型水稻(DJ)明显降低(图 6-2)。

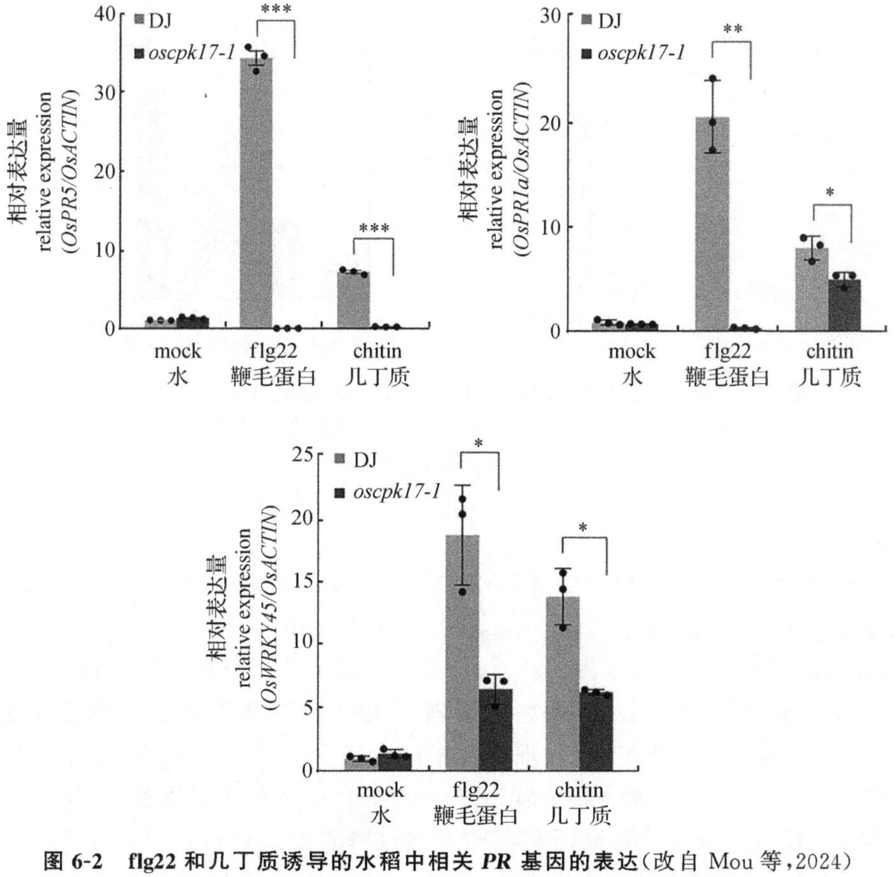

图 6-2 flg22 和几丁质诱导的水稻中相关 *PR* 基因的表达(改自 Mou 等,2024)

用 1 μmol/L flg22 和 10 μg/mL 几丁质处理生长 1 周左右的水稻幼苗,处理 6 h 后取材进行 RT-qPCR 检测(n=3;Student's t 检验;* $P<0.05$;** $P<0.01$;*** $P<0.001$)。

案例二

2023 年 7 月，中国彭友良/陈倩团队在 *Nature Food* 发表了题为“An ERAD-related ubiquitin-conjugating enzyme boosts broad-spectrum disease resistance and yield in rice”的研究论文。该研究揭示了在内质网相关蛋白降解系统中起作用的 E2 泛素结合酶 OsUBC45 不仅可以促进水稻广谱抗病性还提高了水稻产量。在 *OsUBC45* 过表达的转基因水稻中，本底水平或几丁质(chitin)诱导的病程相关的基因，如 *PR5-1* 和 *PR10* 的表达量较野生型水稻(WT)相比都明显升高(图 6-3)。

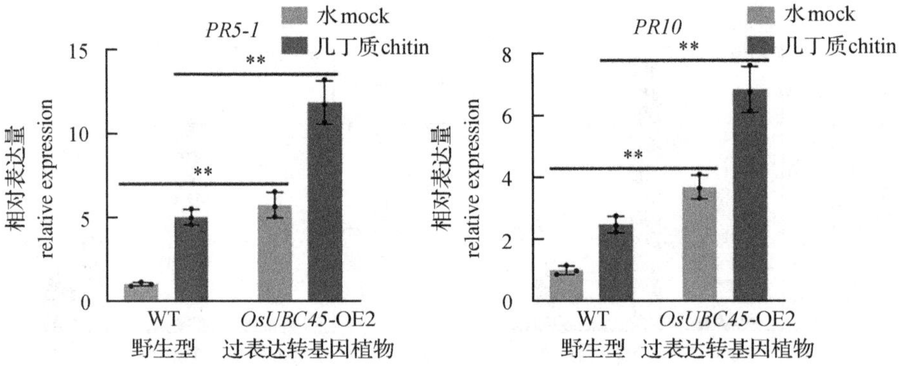

图 6-3　几丁质诱导的相关 *PR* 基因转录水平(改自 Wang 等，2023)

10 μg/mL 几丁质(chitin)处理 6 h 后，取材进行 RT-qPCR 检测

($n=3$；Student's t 检验；** $P<0.01$)。

案例三

2024 年 5 月，中国唐定中课题组在 *The Plant Cell* 发表了题为“CAMTA3 repressor destabilization triggers TIR-domain protein TN2-mediated autoimmunity in the *Arabidopsis* exo70B1 mutant”的研究论文。该研究通过全蛋白质组质谱比较了野生型拟南芥 Col-0 与钙依赖蛋白激酶突变体 *ckp5* 中蛋白磷酸化差异，发现钙调素结合转录因子 CAMTA3 S964 位点的磷酸化发生了改变，暗示 CAMTA3 可能作为 CPK5 的底物参与 CPK5 介导的免疫反应。进一步研究证实，CPK5 通过磷酸化 CAMTA3 第 964 位丝氨酸，导致其蛋白积累减少，从而减弱其对下游抗性相关基因转录抑制的作用。研究结果显示，在 *CPK5* 过表达植物中(*CPK5*-OE)，抗病相关标记(marker)基因(如 *PR1*、*TN2*、*EDS1*)表达上调,而在 *camta3* 突变体中过表达 *CPK5*,抗病相关标记基因表达却无法恢复,表明 CAMTA3 参与了 CPK5 介导的抗性(图 6-4)。

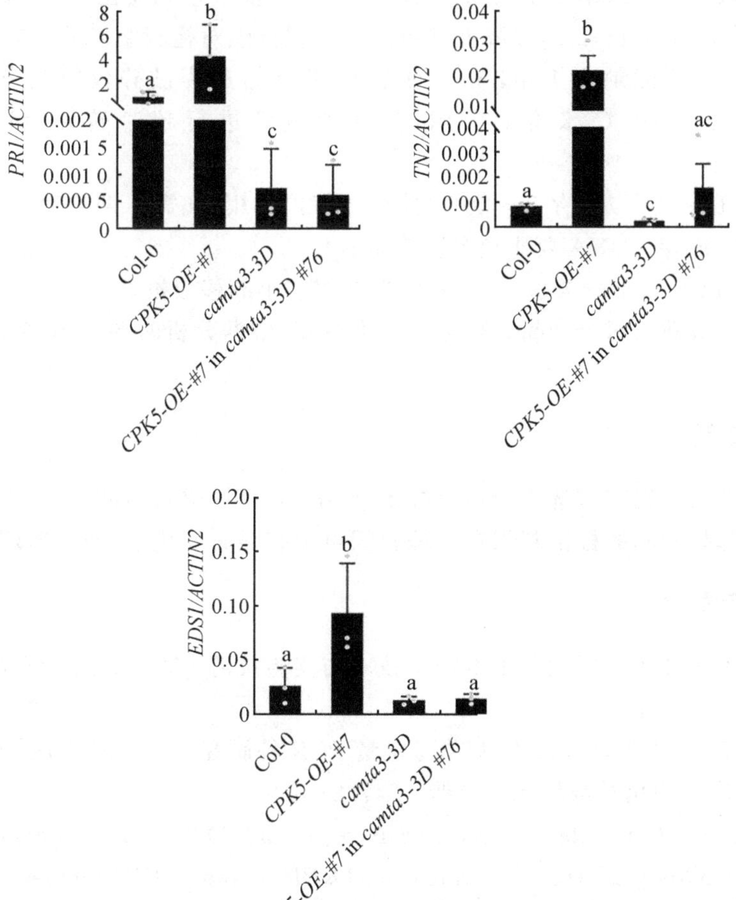

图 6-4　不同基因型中抗病相关标记(marker)基因转录水平(改自 Liu 等,2024)

不同基因型的生长 5 周的植物取样提取 RNA,进行 RT-qPCR 检测

(n=3;One-way ANOVA;P<0.05)。

六、注意事项

1. 对照组和实验组要选取状态健康、大小一致的水稻幼苗。

2. 取样前将水稻幼苗从固体 1/2 MS 培养基中移到无菌的液体 1/2 MS 培养基中预处理 1～2 d，以降低移苗造成的根损伤对检测结果的影响。

3. 几丁质配制成 1 mg/mL 的母液，并通过超声破碎仪使其充分溶解后，冻存于 －20 ℃ 冰箱中备用，使用前重新进行超声破碎，终浓度为 10 μg/mL。

4. cDNA 可以保存于－20 ℃并在半年内使用，如需长期贮存，可分装后于－80 ℃冻存，cDNA 要避免多次冻融。

5. qPCR 仪十分灵敏，加样时要选择误差小的移液枪。

6. 一般建议每个样品处理至少 3 个重复，数据分析时要去掉误差较大的数值。

七、思考题

1. 如何根据需求选择合适的标记(marker)基因进行检测？

2. 如果检测的标记基因在处理时间点没有显著变化，应该如何调整？

八、参考文献

叶棋浓，2015. 现代分子生物学技术与实验技巧 [M]. 北京：化学工业出版社.

张蓓，沈立松，2003. 实时荧光定量 PCR 的研究进展及其应用[J]. 国外医学：临床生物化学与检验学分册，24：327-329.

Agrawal G K, Rakwal R, Jwa N S, et al, 2001. Signalling molecules and blast pathogen attack activates rice *OsPR1a* and *OsPR1b* genes: a model illustrating components participating during defence/stress response [J]. Plant Physiology and Biochemistry, 39: 1095-1103.

Chen X, Ronald P C, 2011. Innate immunity in rice [J]. Trends Plant Sci, 16: 451-459.

Liu N, Jiang X, Zhong G, et al, 2024. CAMTA3 repressor destabilization triggers TIR domain protein TN2-mediated autoimmunity in the *Arabi-*

dopsis exo70B1 mutant [J]. Plant Cell, 36: 2021-2040.

Mei C, Qi M, Sheng G, et al, 2006. Inducible overexpression of a rice allene oxide synthase gene increases the endogenous jasmonic acid level, *PR* gene expression, and host resistance to fungal infection [J]. Mol Plant Microbe Interact, 19: 1127-1137.

Mou B, Zhao G, Wang J, et al, 2024. The OsCPK17-OsPUB12-OsRLCK176 module regulates immune homeostasis in rice [J]. Plant Cell, 36: 987-1006.

Wang Y, Yue J, Yang N, et al, 2023. An ERAD-related ubiquitin-conjugating enzyme boosts broad-spectrum disease resistance and yield in rice [J]. Nat Food, 4: 774-787.

第二章 效应子激发的免疫反应

植物的第二层免疫应答反应是由病原菌效应子介导的免疫反应(effector-triggered immunity,ETI)。效应子是病原菌分泌的一类蛋白质,一般在病原菌自身的生长和发育中没有明显作用,但在病原菌侵染过程会干扰寄主免疫,从而促进病原生物的侵染或定殖。

在 ETI 反应过程中,细胞内含核苷酸结合域的富亮氨酸重复受体(nucleotide-binding domain leucine-rich repeat-containing protein,NLR)发挥了重要的作用。典型的植物 NLR 包含 3 个结构域:N 端的非保守结构域、中间的核苷酸结合(nucleotide binding,NB)结构域以及 C 端的富含亮氨酸重复序列(leucine-rice repeat,LRR)结构域。目前的研究认为病原菌效应子与 NLR 之间的识别主要有两种方式:一种是直接识别,即 NLR 以受体-配体方式直接与其相应的效应子相互作用识别,进而激活下游抗病反应;另一种是间接识别,即 NLR 与效应子的靶蛋白相互作用并感受效应子引发的靶蛋白的改变,实现对效应子的识别。ETI 反应通常比 PTI 反应更快速、更强烈,被感染细胞的过敏性死亡可以在局部杀死病原菌,阻止其向其他未感染细胞延伸。

本章包含 6 个实验:接菌植物中的细菌生长量测定,胞内免疫受体对效应子的识别,细胞坏死——电导测定,细胞坏死——台盼蓝染色和二氨基联苯胺(DAB)染色,水稻原生质体细胞坏死检测,酵母系统验证外泌蛋白信号肽的分泌功能。对本章实验的学习,不仅有助于学生更好地理解病原菌效应子和植物的 NLR 的生物学功能,还可以拓宽学生的视野,为未来鉴定新的效应子——NLR 对提供指导。

实验七 接菌植物中的细菌生长量测定

一、实验背景

植物病原细菌主要通过伤口或自然孔口(包括气孔、水孔、蜜腺和皮孔等)侵入植物组织,定殖于植物的质外体中。有些病原细菌还可以诱导植物叶片产生水渍(water soaking),使胞间质形成一种有利于病原细菌生长的、水分充足的环境(Hu 等,2022)。此外,病原细菌还可以通过三型分泌系统向植物细胞内分泌效应子,效应子通过靶向特定的寄主分子,使其产生翻译后修饰或构象改变,从而干扰植物细胞的生长代谢、帮助病原生物侵染或定殖(Zhang 等,2023)。而植物在与病原生物的长期适应中进化出了庞大的胞内免疫受体 NLR 家族,该家族成员可以特异地识别进入胞质的不同效应子,激活免疫抑制病原细菌繁殖。因此,可以通过统计细菌在植物内的生长数量来研究植物和病原细菌的互作关系。

二、实验原理

病原细菌主要在植物质外体中进行生长和繁殖,可以通过植物组织的匀浆研磨将病原细菌从植物中释放出来,然后涂布到相应的培养基上进行培养,最终通过菌斑数目的统计确定单位面积细菌的生长量。以叶片为例,统计公式如下:

$$\log\left(\frac{\mathrm{CFU}}{\mathrm{cm}^2}\right)=\log\left[\text{平均菌落数目}(n)\times\text{稀释倍数}/\text{叶片面积}(\mathrm{cm}^2)\right]$$

三、实验材料和仪器

1. 植物材料和菌株

生长 4～5 周的野生型 Col-0 以及 Col-0 背景下的 NLR 突变体(光周期 10 h 光照/14 h 黑暗,温度 22 ℃,湿度 70%～80%);携带效应子的黄单胞菌(*Xanthomonas campestris* pv. *campestris*)或丁香假单胞菌(*Pseudomonas syringae* pv. *tomato* DC3000)。

2. 试剂

(1)利福平母液:25 mg/mL(工作液按 1∶500 稀释)。

(2)卡那霉素母液:50 mg/mL(工作液按 1∶1 000 稀释)。

(3)NYG 培养基:5 g/L 胰蛋白胨,3 g/L 酵母提取物,20 mL/L 甘油,121 ℃高压灭菌 20 min,固体培养基每升加 15 g 的琼脂。供黄单胞菌培养使用。

(4)KB 培养基(Liquid and solid King's B broth medium, KB medium):29 g/L 牛肉膏蛋白胨,1.5 g/L $MgSO_4 \cdot 7H_2O$,1.52 g/L K_2HPO_4,8 mL/L 甘油,121 ℃高压灭菌 20 min,固体培养基每升加 15 g 的琼脂,供丁香假单胞菌培养使用。

3. 主要仪器

直径 6 mm 的打孔器,离心机,分光光度计,组织研磨仪。

四、实验步骤及解析

1. 取出−80 ℃保存的黄单胞菌在加了相应抗生素的 NYG 平板上划线活化菌株,丁香假单胞菌在加了相应抗生素的 KB 平板上划线活化。

2. 接种前一天晚上挑取少量活化的菌体接种于 2 mL 加了相应抗生素的 NYG 或 KB 液体培养基中,28 ℃振荡培养过夜。

3. 室温条件下,4 000 r/min 离心 5 min 收集菌体,用 2 mL 灭菌水重悬清洗菌液 2~3 次,每次 4 000 r/min 离心 5 min。

4. 加水重悬菌体,将细菌悬浮液按 1∶10 稀释,使用分光光度法测定 OD_{600} 下的光吸收度。

5. 将黄单胞菌稀释到浓度为 2×10^8 CFU/mL,选取 4~5 周生长状态良好的拟南芥叶片,用灭菌牙签蘸取菌液在叶片靠近尖端位置的叶脉处刺 3 个孔,盖上透明塑料盖保湿处理 1 d。接种 4 d 后用直径 6 mm 打孔器取样,研磨后稀释一定倍数涂在含有相应抗生素的 NYG 平板上。将丁香假单胞菌稀释到浓度为 5×10^4 CFU/mL,选取 4~5 周生长状态良好的拟南芥叶片,用 1 mL 注射器去掉针头从叶片背面注射,用吸水纸将叶片表面残留菌液擦干,盖上透明塑料盖保湿处理 1 d。接种 3 d 后用直径 6 mm 打孔器取样,研磨后稀释一定倍数涂在含有相应抗生素的 KB 平板上,2 d 后统计平板长出的菌落数(数字资源 1)。

数字资源 1

拟南芥叶片研磨实验

6. 最后通过公式计算出叶片上菌落的数量(CFU/cm^2)。

五、实验结果及案例

案例一

1994 年 7 月,美国 Roger W. Innes 课题组在 *The Plant Cell* 发表了题为“A disease resistance gene in *Arabidopsis* with specificity for two different pathogen avirulence genes”的研究论文。该研究发现拟南芥中的 NLR 蛋白 Rpm1 可以识别丁香假单胞菌的效应子 AvrB 和 AvrRpm1,RPS2 可以识别效应子 AvrRpt2。与接种携带 AvrB 的突变形式 Ω 的 *Pst* DC3000 相比,在 Col-0 中接种携带 AvrB、AvrRpm1 和 AvrRpt2 的 *Pst* DC3000,Col-0 都表现出抗病表型;与接种携带 AvrRpt2 的 *Pst* DC3000 相比,在 *rpm1* 的突变体中,接种携带 AvrB 的突变形式 Ω,非突变形式 AvrB 和 AvrRpm1 的 *Pst* DC3000,植物都会表现出感病表型(图 7-1)。

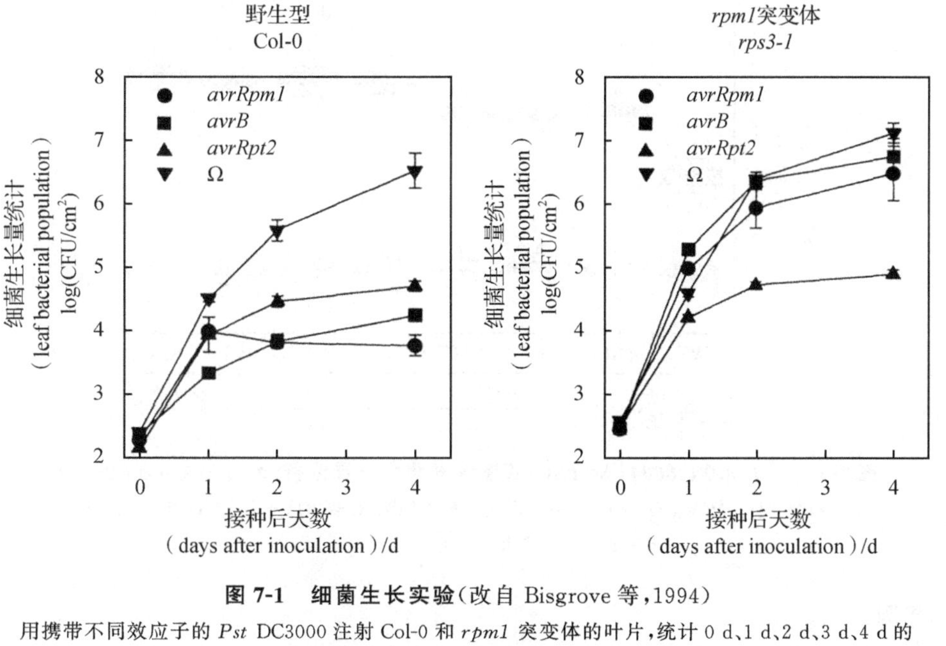

图 7-1 细菌生长实验(改自 Bisgrove 等,1994)

用携带不同效应子的 *Pst* DC3000 注射 Col-0 和 *rpm1* 突变体的叶片,统计 0 d、1 d、2 d、3 d、4 d 的细菌生长数目,Ω:突变形式的 AvrB。

案例二

2015 年 9 月，中国周俭民课题组在 *Cell Host & Microbe* 发表了题为“The decoy substrate of a pathogen effector and a pseudokinase specify pathogen-induced modified-self recognition and immunity in plants”的研究论文。该研究发现拟南芥中的 NLR 蛋白 ZAR1 可以间接识别黄单胞菌中的效应子 AvrAC，并且这一过程还需要类受体胞质激酶第七亚家族成员 PBL2 和第十二亚家族的假激酶 RKS1 参与。与接种野生型黄单胞菌相比，接种黄单胞菌突变体 *Xcc8004*（ΔavrAC）、拟南芥野生型植物 Col-0 表现出明显感病的表型。在对应的 *zar1* 突变体中，无论接种野生型 *Xcc8004* 还是黄单胞菌突变体 *Xcc8004*（ΔavrAC），都会表现出感病的表型。另外，ZAR1 识别 AvrAC 需要 PBL2 和 RKS1 的参与，在 *pbl2* 和 *rks1* 突变体中，无论接种野生型 *Xcc8004* 还是接种黄单胞菌突变体 *Xcc8004*（ΔavrAC），植物都会表现出感病的表型(图 7-2)。

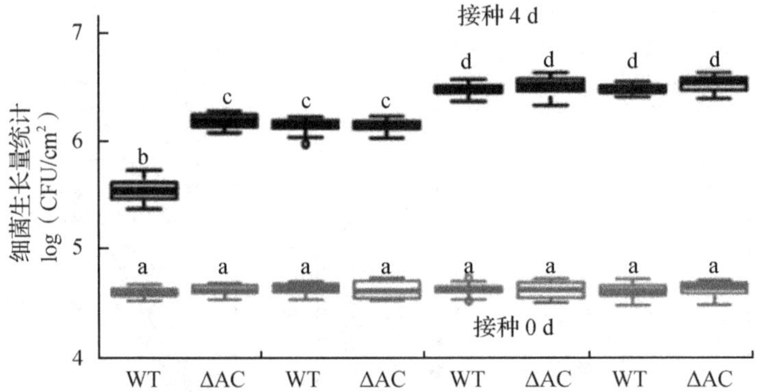

图 7-2　*zar1* 和 *Xcc8004*(ΔavrAC)双遗传细菌生长量分析(改自 Wang 等，2015)

在 Col-0 和突变体 *pbl2*、*zar1* 及 *rks1* 中分别接种黄单胞菌 *Xcc8004*（WT）和 *Xcc8004*（ΔavrAC），4 d 后进行细菌数量统计($P < 0.01$；*t* 检验)。

案例三

2024 年 1 月，韩国 Chang Jin Park 课题组在 *Plant Cell Reports* 发表了题为“Rice NLR protein XinN1, induced by a pattern recognition receptor

XA21, confers enhanced resistance to bacterial blight”的研究论文。XA21是水稻重要的 PRR 蛋白,可以识别稻黄单胞菌稻致病变种(*Xanthomonas oryzae* pv. *oryzae*,*Xoo*)分泌的硫酸化微生物肽(RaxX),增强水稻对 *Xoo* 的抗性。该研究发现水稻中的 NLR 蛋白 XinN1 正调控水稻对 *Xoo* 的抗性,细菌接种及生长量统计结果显示 XinN1 转基因水稻对 *Xoo* 的抗性增强(图 7-3)。

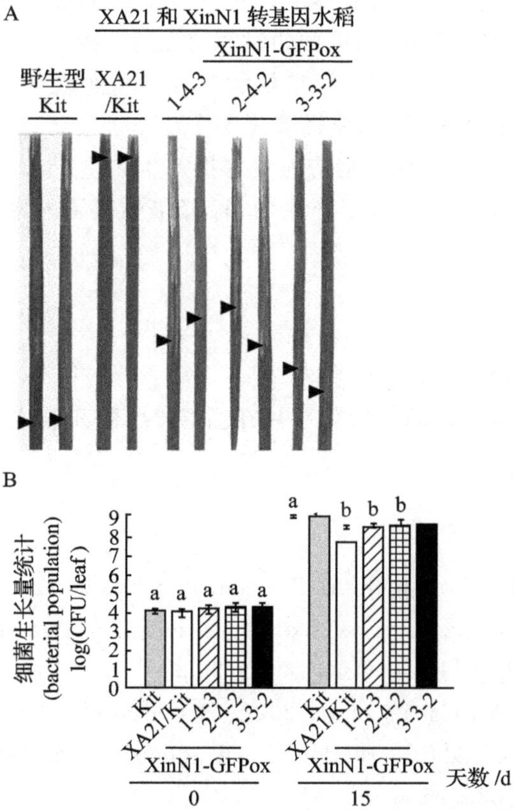

图 7-3　XinN1 正调控水稻对 *Xoo* 的抗性(改自 Moon 等,2024)

A. 水稻叶片采用剪叶法接种 *Xoo* 14 d 后的发病表型,野生型水稻为 Kitaake(Kit)背景,XA21 转基因水稻作为正对照,箭头指示发病的位置。B. 接种 0 d 和 15 d 后对发病水稻叶片中的细菌生长量进行统计($P<0.001$)。

六、注意事项

1. 选取在短日照条件下生长 4～5 周、健康且没有受到胁迫的拟南芥对于病原细菌接种实验非常重要,受胁迫的拟南芥通常病程相关的基因会被诱导表达,因此对实验结果会产生严重干扰。

2. 病原细菌应培养到对数生长后期(OD_{600} = 0.8～1.0),再进行接菌实验。一般采用过夜培养,第二天早上稀释到合适的浓度用于接菌。对于同一个实验,在每次生物学重复中,接种的时间应保持一致。

3. 保持高湿(80%～90%)对植物病症发生和病原细菌在宿主植物中的繁殖至关重要,所以接种后,通常需要保湿 1 d。

4. 组织研磨过程需充分,但应避免摩擦产生热量。

5. 梯度稀释时应将样品充分混匀,稀释倍数需要根据植物的发病情况确定。

七、思考题

1. 干扰本实验的因素有哪些?

2. 细菌生长量测定的实验除了用于分析 NLR 和效应子的识别关系,还可以用于哪些方面?

八、参考文献

Bisgrove S R, Simonich M T, Smith N M, et al, 1994. A disease resistance gene in *Arabidopsis* with specificity for two different pathogen avirulence genes [J]. Plant Cell,6: 927-933.

Hu Y, Ding Y, Cai B, et al, 2022. Bacterial effectors manipulate plant abscisic acid signaling for creation of an aqueous apoplast [J]. Cell Host Microbe,30: 518-529. e516.

Moon H, Jeong A R, Park C J, 2024. Rice NLR protein XinN1, induced by a pattern recognition receptor XA21, confers enhanced resistance to bacterial blight [J]. Plant Cell Rep,43: 72.

Wang G, Roux B, Feng F, et al, 2015. The decoy substrate of a pathogen effector and a pseudokinase specify pathogen-induced modified-self recognition and immunity in plants [J]. Cell Host Microbe, 18: 285-295.

Zhang M, Yang C, Liu J, et al, 2023. Research advances of phytopathogen effectors [J]. Chinese Science Bulletin, 68: 4895-4917.

实验八 胞内免疫受体对效应子的识别

一、实验背景

20 世纪 40 年代，植物免疫研究的先驱 Harold H. Flor 通过对亚麻和锈菌的遗传分析，发现了植物抗病基因与真菌的无毒基因间存在一一对应关系，提出了基因对基因假说：针对病原中存在的每一个“无毒基因”，植物中都有一个抗病基因(Flor，1942)。随着病原菌大量的“无毒基因”和植物抗病基因的克隆，逐渐确定抗病基因编码的产物中最大一类是 NLR 蛋白，“无毒基因”也称效应子，NLR 成员可以特异地识别进入胞质的不同效应子。大多数植物 NLR 蛋白的 N 端含有 TIR(Toll interlukin receptor)或 CC 结构域(coiled coil domain)。根据 N 端结构域的不同，植物 NLR 蛋白可分为两大类，即 TNL(TIR-type NLR)和 CNL(CC-type NLR)。植物的 NLR 蛋白识别来源于病原菌的效应子后，会激活强烈的免疫反应来抑制病原菌的生长，在侵染部位通常伴随有程序化的细胞死亡，这一过程称为 ETI(Jones，2019)。目前研究发现，ZAR1 和 Sr35 等 CNL 对效应子识别后都寡聚形成五聚抗病小体，作为 Ca^{2+} 渗透通道介导 ETI 信号传导；激活的 TNL 通常形成四聚体作为 NADase 行使功能，从而激活下游 helper NLR 寡聚形成 Ca^{2+} 渗透通道诱导细胞死亡(Wang 等，2022)。因此，可通过携带效应子的病原菌诱导植物细胞死亡检测 NLR 蛋白对效应子的识别。

二、实验原理

NLR 识别来源于病原菌的效应子后会激活一系列的免疫反应，包括侵染部位程序化细胞死亡(也称为超敏反应，hypersensitive response，HR)，过氧化氢的爆发，NO 的积累以及抗菌化合物的合成等(Mur 等，2008)。在这些免疫反应中 HR 最容易观察，现在已经成为检测 NLR 识别效应子的主流实验。尽管目前关于 HR 发生的分子机制还不是很清楚，但是建立一套精准可靠的 HR 检测方法对于检测 NLR 对病原菌效应子的识别非常重要。如果植物中存在识别效应子的 NLR，用携带效应子的菌株接种植物会诱发 HR；植物相对应的

NLR 突变后，将不能诱导 HR 的产生。本实验以拟南芥 NLR 突变体和携带效应子（无毒基因）的丁香假单胞菌为例，提供一个检测 NLR 识别效应子的方法。

三、实验材料和仪器

1. 植物材料和菌株

生长 4～5 周的野生型拟南芥 Col-0 以及 Col-0 背景下的 NLR 突变体（光周期 10 h 光照/14 h 黑暗，温度 22 ℃，湿度 70%～80%），携带无毒基因（效应子）的丁香假单胞菌。

2. 试剂

KB 培养基（Liquid and solid King's B broth medium，KB medium）：29 g/L 牛肉膏蛋白胨，1.5 g/L $MgSO_4 \cdot 7H_2O$，1.52 g/L K_2HPO_4，8 mL/L 甘油，121 ℃高压灭菌 20 min，固体培养基每升加 15 g 的琼脂，供丁香假单胞菌培养使用。

3. 主要仪器

光照培养箱，离心机，分光光度计。

四、实验步骤及解析

1. 取出−80 ℃保存的携带效应子的丁香假单胞菌，在加了相应抗生素的 KB 培养基平板上划线进行菌株活化。

2. 将平板放置于 28 ℃培养箱中培养 1～2 d，直到菌落可见。

3. 接种前一天晚上挑取少量活化的菌体接种于 2 mL 加了相应抗生素的 KB 液体培养基中，在 28 ℃的摇床 200 r/min 培养过夜。

4. 将细菌培养物转移到 2 mL 微型离心管中；室温条件下，4 000 r/min 离心 5 min 收集菌体。

5. 弃上清液，用 2 mL 的 10 mmol/L $MgCl_2$ 重悬菌体。

6. 室温条件下，4 000 r/min 离心 5 min 弃上清液，重复清洗菌体 2 次。

7. 用 1 mL 的 10 mmol/L $MgCl_2$ 重悬菌体。

8. 将细菌悬浮液按 1∶10 稀释，使用分光光度法测定 OD_{600} 下的光吸收度，用 10 mmol/L $MgCl_2$ 将细菌稀释至合适的浓度。每一个效应子诱导 HR 所需病原菌的浓度不一样，需要根据实验设置最合适的浓度。例如携带效应子 AvrB 的 *Pst* DC3000 所需菌的浓度为 1×10^8 CFU/mL，携带效应子 Avr-

Rpt2 的 *Pst* DC3000 所需菌的浓度为 5×10^7 CFU/mL。从每株生长 4～5 周的拟南芥植株上选取两片完全伸展幼嫩的叶子，用 1 mL 注射器去掉针头从叶片背面注射一半叶子，用吸水纸将叶片表面擦干。

9. 接种后选取合适的时间点，统计叶片发生 HR 的比例。

五、实验结果及案例

案例一

2003 年 2 月，美国 Jeffery L. Dangl 课题组在 *Cell* 发表了题为"*Arabidopsis* RIN4 is a target of the type Ⅲ virulence effector AvrRpt2 and modulates RPS2-mediated resistance"的研究论文，该研究发现拟南芥中的 NLR 蛋白 RPS2 可以识别丁香假单胞菌的效应子 AvrRpt2。用携带 AvrRpt2 的丁香假单胞菌 *Pst* DC3000 注射拟南芥叶片，在野生型 Col-0 中，AvrRpt2 可以在所有叶片中引起 HR，而在 *rps2* 的突变体中不能引起 HR（图 8-1）。

图 8-1 彩图

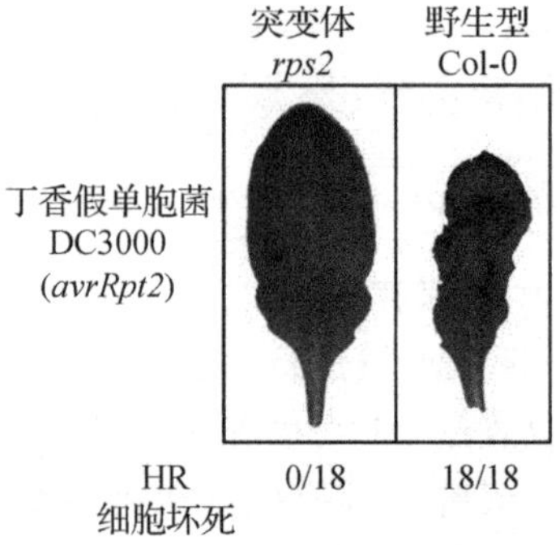

图 8-1　拟南芥 RPS2 识别 AvrRpt2（改自 Mackey 等，2003）

用携带 AvrRpt2 浓度为 5×10^7 CFU/mL 的丁香假单胞菌 *Pst* DC3000 注射接种野生型拟南芥 Col-0 或突变体 *rps2* 叶片，20 h 后统计 HR 的发生情况。

案例二

2010 年 4 月，Darrell Desveaux 课题组在 *PLoS Genetics* 发表了题为"Allele-specific virulence attenuation of the *Pseudomonas syringae* HopZ1a type Ⅲ effector via the *Arabidopsis* ZAR1 resistance protein"的研究论文，该研究发现拟南芥中的 NLR 蛋白 ZAR1 可以识别丁香假单胞菌的效应子 HopZ1a。用携带 HopZ1a 的丁香假单胞菌 *Pst* DC3000 注射拟南芥，在野生

型 Col-0 中可以引起强烈的 HR,而在 *zar1* 的突变体中不能引起 HR;而携带 HopZ1a(C/A)突变体的丁香假单胞菌 *Pst* DC3000 在 Col-0 和 *zar1* 上都不能引起 HR。效应子 AvrRpt2 可以被拟南芥中的 NLR 蛋白 RPS2 识别,用携带 AvrRpt2 的丁香假单胞菌 *Pst* DC3000 作为对照组,无论在 Col-0 还是 *zar1* 突变体中都能引起 HR(图 8-2A)。为了进一步证明 ZAR1 可以识别 HopZ1a,该课题组还用另外几个不同的等位突变体进行了验证,发现在所有 *zar1* 的等位突变体中,*Pst*(HopZ1a)都不能引起 HR;而 *Pst*(AvrRpt2)在 Col-0 和所用的 *zar1* 等位突变体中都能诱导 HR 的产生(图 8-2B 和 C)。以上结果表明拟南芥中的 ZAR1 可以特异识别效应子 HopZ1a。

图 8-2 彩图

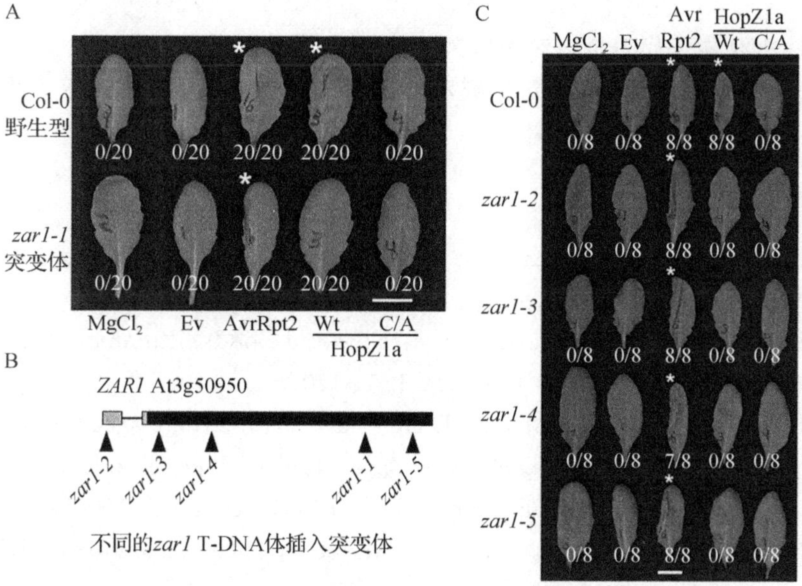

图 8-2　拟南芥 ZAR1 识别效应子 HopZ1a(改自 Lewi 等,2010)

A. 用携带空载体 Ev,自身启动子启动的 AvrRpt2,HopZ1a 或突变形式的 HopZ1aC216A(C/A)的丁香假单胞菌 *Pst* DC3000 注射接种拟南芥 Col-0 或突变体 *zar1*,并统计 HR 发生情况。10 mmol/L $MgCl_2$ 作为空白对照。用无针头的注射器将浓度为 5×10^7 CFU/mL 的菌液接种拟南芥的半片叶子,接种 22 h 后拍照。发生 HR 的用"*"指示。B. *zar1* 不同等位突变体的 T-DNA 插入位置,*ZAR1* 基因的启动子用灰色框表示,外显子用黑色框表示。C. 用携带空载 Ev、AvrRpt2、HopZ1a 或突变形式的 HopZ1aC216A 的丁香假单胞菌 *Pst* DC3000 注射接种 *zar1* 不同等位突变体,并统计 HR 发生情况。

六、注意事项

1. 针对携带不同效应子的菌株，接种浓度以及 HR 诱导产生的时间会有所不同，所以要根据菌株不同以及携带效应子的不同去优化接种的浓度和检测时间。

2. 生长状态良好，健康且没有受到胁迫的短日照拟南芥对于 HR 的诱导非常重要。

3. 为了保证背景的一致，一般只接种半片叶子。

4. 注射过程应避免对组织造成损伤，从而诱导伤口的适应性反应，出现假阳性的结果。

七、思考题

1. HR 能否代表植物对病原菌的抗性？

2. HR 可以用哪几种方法测定？试从它们的原理、准确性等方面加以比较。

八、参考文献

Flor H H，1942. Inheritance of pathogenicity in *Melampsora lini* [J]. Phytopathology，32：653-669.

Jones J D G，2019. Flor-iculture：Ellis and Dodds' illumination of gene-for-gene biology [J]. Plant Cell，31：1204-1205.

Lewis J D，Wu R，Guttman D S，et al，2010. Allele-specific virulence attenuation of the *Pseudomonas syringae* HopZ1a type Ⅲ effector via the *Arabidopsis* ZAR1 resistance protein [J]. PLoS Genet，6：e1000894.

Mackey D，Belkhadir Y，Alonso J M，et al，2003. *Arabidopsis* RIN4 is a target of the type Ⅲ virulence effector AvrRpt2 and modulates RPS2-mediated resistance [J]. Cell，112：379-389.

Mur L A，Kenton P，Lloyd A J，et al，2008. The hypersensitive response；the centenary is upon us but how much do we know? [J]. J Exp Bot，59：501-520.

Wang J，Song W，Chai J，2022. Structure，biochemical function，and signaling mechanism of plant NLRs [J]. Mol Plant，16(1)：75-95.

实验九 细胞坏死——电导测定

一、实验背景

植物不能移动，会因环境的改变而遭遇不利于生长发育的各种逆境胁迫，如病虫害、干旱、寒冷、高温、涝害、盐碱和环境污染等。植物对逆境的反应是非常复杂的，涉及多方面的生理生化变化和形态结构变化，其中就包括膜系统受到破坏。

膜系统的损伤主要是由于膜脂过氧化、膜蛋白变性和膜脂流动性改变，造成膜相改变和膜结构的破坏。在植物受到病原菌侵染后，会产生大量的活性氧自由基，如超氧阴离子（$O_2^- \cdot$）、过氧化氢（H_2O_2）和羟基自由基（$\cdot OH$）。这些活性氧自由基对植物细胞膜、蛋白质和核酸等生物分子造成氧化损伤，导致细胞膜的脂质过氧化并产生丙二醛（MDA）、蛋白质的氧化、膜脂和膜蛋白互作构型发生改变。随着胁迫加重，超过保护酶系统如超氧化物歧化酶（SOD）、过氧化物酶（POD）、过氧化氢酶（CAT）协同作用的清除能力，活性氧产生和清除的平衡受到破坏，H_2O_2 大量积累，细胞膜透性增大，细胞内电解质外渗，最终引发生理性或程序性细胞死亡（Jambunathan，2010）。

适应能力强的植物在一种全新的环境中，可以通过调整自己的生理代谢方式和形态结构来逐步适应与原来生存环境不同的逆境因子。研究作物在逆境下的生理反应，对于培育抗病、耐旱、耐高温或抗其他逆境因子的植物品种有重要的指导意义。

二、实验原理

植物细胞膜对维持细胞的微环境和正常的代谢起着重要的作用。在正常情况下，细胞膜对物质具有选择透性能力。当植物受到逆境影响（如高温或低温、干旱、盐渍、病原菌侵染）后，细胞膜遭到破坏，膜的损伤导致膜透性加大，造成细胞内容物外渗，外渗物质包括一些盐类、有机酸等导电物质。将损坏部位置于蒸馏水中，外渗物质增多会使水的导电能力即电导率加大，该变化可用电导仪测定出来。细胞膜透性变得愈大，表示受害愈重，抗性愈弱，反之则抗性愈强。植物细胞的电导率作为衡量逆境损害植物程度的生理指标之一，广泛应用于植物抗性研究中。

三、实验材料和仪器

1. 植物材料

生长 4～5 周的不同生态型的拟南芥：Col-0、Zu-1、Na-1（光周期 10 h 光照/14 h 黑暗，温度 22 ℃，湿度 70%～80%）。

2. 试剂

(1)磷酸钠缓冲液(10 mmol/L pH 6.0)。

(2)原核表达的稻瘟菌成孔毒素蛋白 MoNLP1(10 μmol/L)。

3. 主要仪器

光照培养箱，电导仪，打孔器(直径 8 mm)，注射器。

四、实验步骤及解析

1. 用 10 mmol/L pH 6.0 的磷酸钠缓冲液将保存的 MoNLP1 (10 μmol/L) 稀释到 250 nmol/L，并注射于生长 5 周大小的拟南芥的莲座叶上，用 10 mmol/L pH 6.0 的磷酸钠缓冲液作为对照。每组实验 6 株，对照组和实验组各 3 株，每株注射 3 个叶片。

2. 注射蛋白(或缓冲液)4 h 后，用直径 8 mm 的打孔器对注射过的叶片进行打孔，将打取的叶盘置于 2.5 mL (5 mL 离心管) 超纯水中，每个管中放 9 个叶盘。

3. 室温孵育 5 h 后，用电导率仪测定样品的电导率，并记录为数值 A。

4. 测定后的样品用沸水浴处理 10 min，待样品恢复室温后再次测定电导率，并记录为数值 B。

5. 离子渗漏结果用数值 A÷数值 B×100%表示。

五、实验结果及案例

案例一

2021 年 8 月，中国范军课题组在 *New Phytologist* 发表了题为“An LRR-only protein promotes NLP-triggered cell death and disease susceptibility by facilitating oligomerization of NLP in *Arabidopsis*”的研究论文。该研究分析

了 250 多个不同的拟南芥生态型对 MoNLP1(一种由稻瘟菌 *Magnaporthe oryzae* 编码的成孔毒素蛋白)的敏感性,结果显示 MoNLP1 触发的细胞死亡在测试种质中存在显著差异,生态型 Zu-1 对 MoNLP1 处理不敏感,而生态型 Jm-0 和 Col-0 对 MoNLP1 处理有很强的响应,并且已报道的 NLP 中保守肽段 nlp20 的植物受体 RLP23 不能识别 MoNLP1(图 9-1)。进一步研究表明,MoNLP1 可以通过招募植物 LRR 类蛋白 NTCD4 来促进自身寡聚化以及病菌致病力。

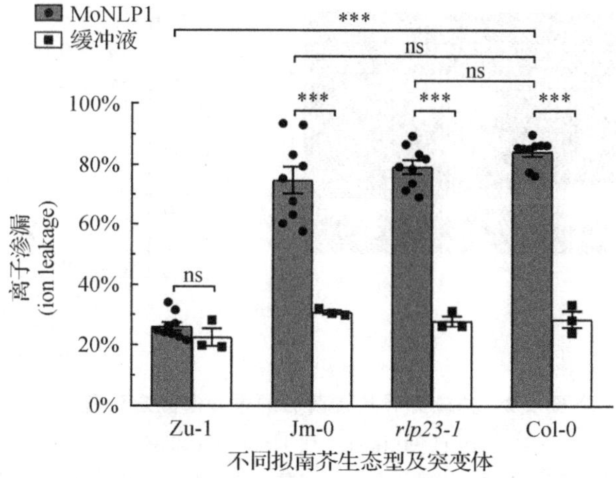

图 9-1　MoNLP1 处理不同生态型拟南芥后的电导率测定(改自 Chen 等,2021)

用 250 nmol/L MoNLP1 注射生长 4～5 周的拟南芥莲座叶,4 h 后通过测定离子渗漏情况来反映植物细胞坏死程度($n=8$;$P<0.001$;ns 代表没有显著差异;t 检验)。

案例二

2018 年 3 月,美国 Fumiaki Katagiri 课题组在 *Bio-Protocol* 发表了题为"Quantification of plant cell death by electrolyte leakage assay"的实验方法。该方法可以通过便携电导仪(HORIBA,model:B-173)可以对电导率进行直接测定(图 9-2A～D)。例如丁香假单胞菌的效应子 AvrRpt2 可以被拟南芥中的 NLR 蛋白 RPS2 识别,在 Col-0 和 *rps2* 突变体中注射 *Pst* AvrRpt2 后,Col-0 中因为 RPS2 对 AvrRps2 的识别,会出现细胞坏死和离子渗漏,而 *rps2* 突变体中则不会,相关的离子渗漏情况可以在注射后的不同时间

图 9-2 彩图

点用电导率进行直接测定(图 9-2E)。

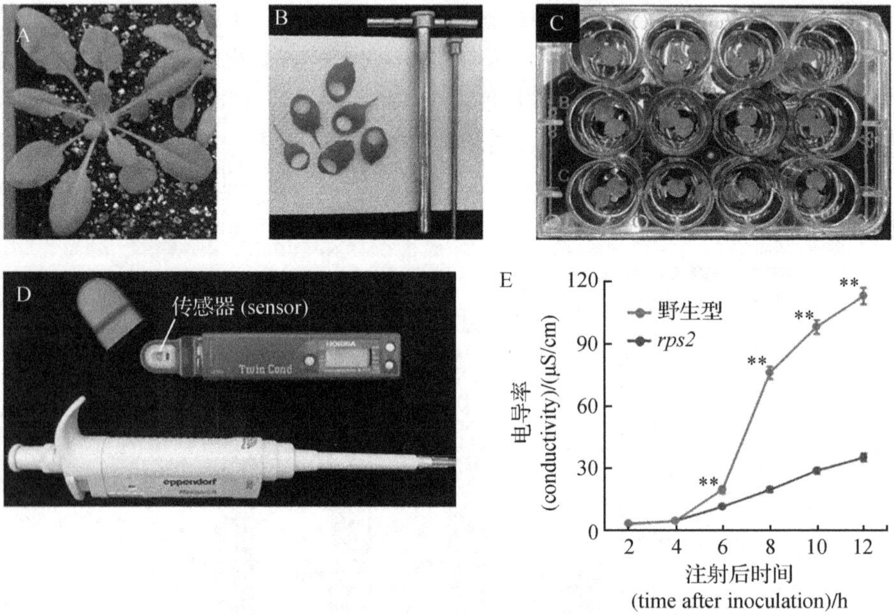

图 9-2　拟南芥叶片接菌后的电导率测定流程图

(改自 Hatsugai 和 Katagiri,2018)

A. 生长 4～5 周的拟南芥叶片用于接菌处理。B. 每株植物上取两片叶子,用直径 8 mm 的打孔器进行取样。C. 将两个叶盘正面朝下,浸泡在 2 mL 的超纯水中。D. 在不同的时间点,吸取 100 μL 待测溶液滴在便携电导仪上进行电导率测定。E. 用不同时间点测定的数据进行作图。

六、注意事项

1. 通常使用生长 4～5 周的拟南芥植株,并选择每株植物的第 7 和第 8 片叶子,选择处于相似发育阶段的叶子很重要,因其对病原体有相似的反应。

2. 整个过程中,叶片接触的用具必须绝对洁净(全部器皿要洗净),也不要用手直接接触叶片,以免污染。

3. 通常打孔的叶盘,需要先在超纯水里浸泡 30 min,然后更换超纯水,以去除因伤口损害导致的离子渗漏。

4. 电导率随温度变化而变化,温度每升高 1 ℃,电导率增加约 2%,故应保证各样品在测定电导率时的温度一致,通常规定 25 ℃为测定电导率的标准温度。

5. 各处理和对照的待测液的体积要一样，因每种实验样品的数量和坏死的程度可能有所不同，待测液的体积也需要做相应的调整。

6. 测定后电导仪的电极要清洗干净，再进行下一次的测定。

7. 每次实验至少设置 3 次重复。

七、思考题

1. 为什么可以通过电导仪来测定植物叶片的坏死程度？

2. 如果所测样品，电导率没有发生变化，会有哪些可能的原因？

八、参考文献

Chen J B, Bao S W, Fang Y L, et al, 2021. An LRR-only protein promotes NLP-triggered cell death and disease susceptibility by facilitating oligomerization of NLP in *Arabidopsis* [J]. New Phytol, 232: 1808-1822.

Hatsugai N, Katagiri F, 2018. Quantification of plant cell death by electrolyte leakage assay [J]. Bio Protoc, 8: e2758.

Jambunathan N, 2010. Determination and detection of reactive oxygen species (ROS), lipid peroxidation, and electrolyte leakage in plants [J]. Methods Mol Biol, 639: 292-298.

实验十　细胞坏死——台盼蓝染色和二氨基联苯胺(DAB)染色

一、实验背景

在植物与病原菌的互作过程中，植物细胞中的 NLR 识别病原菌分泌的效应子进而激活下游 ETI 过程。ETI 过程通常表现出超敏反应（hypersensitive response，HR），即在侵染部位产生程序性细胞死亡（programmed cell death，PCD），从而限制病原菌的增殖。对于坏死部位的植物细胞，其结构发生破坏，具体表现为细胞膜通透性增加、细胞肿胀、细胞器变形和肿大。目前台盼蓝（trypan blue）染色是检测植物细胞坏死的一种常用的化学染色方法，被广泛应用于动物和植物实验中。台盼蓝是一种有机化合物，外观为蓝灰色固体状粉末，化学式为 $C_{34}H_{24}N_6Na_4O_{14}S_4$，相对分子质量为 960.81，可用于检测细胞膜的完整性以及细胞的活性状态。

此外，植物的 ETI 过程也伴随着大量活性氧（reactive oxygen species，ROS）的产生，包括超氧阴离子（$O_2^-\cdot$）、过氧化氢（H_2O_2）、羟自由基（$\cdot OH$）、臭氧（O_3）和单线态氧（$^1O_2$）。其中，H_2O_2 由 SOD 催化 $O_2^-\cdot$ 产生，植物组织中 H_2O_2 的含量常用 DAB（3，3′-diaminobenzidine，3，3′-二氨基联苯胺）染色法测定。DAB 属于联苯类化合物，化学式为 $(NH_2)_2C_6H_3C_6H_3(NH_2)_2$，相对分子质量为 214.27，广泛用于蛋白质印迹（Western blot，WB）、免疫组织化学（immnohistochemistry，IHC）、免疫细胞化学（immunocytochemistry，ICC）等的染色反应。

二、实验原理

1. 台盼蓝染色

活细胞的细胞膜结构完整，能够排斥台盼蓝染料进入细胞内，因而不能被染成蓝色。死细胞的细胞膜结构发生改变，细胞膜通透性增加，可吸收台盼蓝染料，从而被染成蓝色。通过台盼蓝染色，可以简单且快速地鉴定细胞的活性状态。

2. DAB 染色

DAB 能够被过氧化物酶分解 H_2O_2 产生的氧所氧化，从而形成棕红色不溶性化合物。通过颜色变化，植物组织中 H_2O_2 的聚集情况可用肉眼轻易观察。

三、实验材料和仪器

1. 植物材料

生长 3～4 周的拟南芥 Col-0（光周期 10 h 光照/14 h 黑暗，温度 22 ℃，湿度 70%～80%）。

2. 试剂

（1）台盼蓝储备液：10 mL 蒸馏水，10 g 苯酚，10 mL 甘油，10 mL 乳酸，10 mg 台盼蓝（拜尔迪，BN20160），混匀后置于室温。

（2）台盼蓝工作液：将台盼蓝储备液与无水乙醇 1∶1 混合均匀配制成工作液使用。

（3）台盼蓝脱色液：2.5 g/mL 水合氯醛（溶于水，加热易溶解）。

（4）DAB 染色液：0.05 g DAB（拜尔迪，BN20708）溶解于 50 mL 蒸馏水中，加 25 μL 吐温-20（Tween-20）和 0.18 g $Na_2HPO_4 \cdot 12H_2O$，混匀后避光放置（现用现配）。

（5）DAB 脱色液：30 mL 无水乙醇，10 mL 乳酸，10 mL 甘油，混匀即可。

3. 主要仪器

恒温水浴锅，平板摇床。

四、实验步骤及解析

1. 台盼蓝染色

（1）将待染色的植物叶片从植株上剪下并放入烧杯中，用蒸馏水冲洗 3 次。

（2）向烧杯加入适量台盼蓝染色液，确保染色液完全浸没叶片。

（3）将浸没染色液的叶片煮沸加热 5～10 min。

（4）弃去染色液，向烧杯中加适量脱色液并置于平板摇床上脱色。

（5）重复脱色步骤，待叶片染色清晰且背景干净时拍照（图 10-1）。

图 10-1 彩图

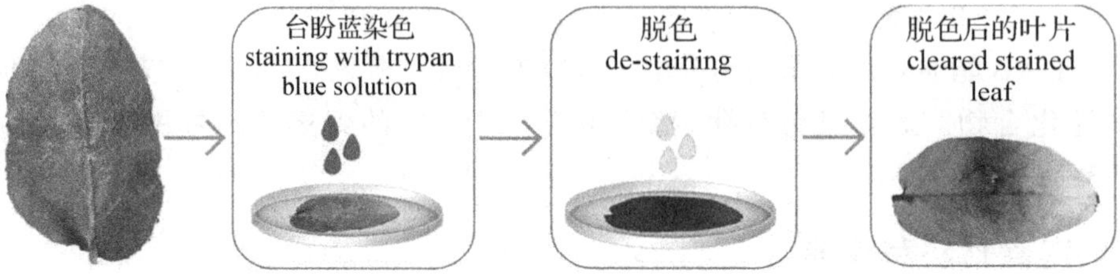

图 10-1　台盼蓝染色流程(改自 Zahid 等,2021)

2. DAB 染色

(1)将待染色的植物叶片放入小烧杯中,用蒸馏水冲洗 3 次。

(2)向烧杯中加入适量 DAB 染色液(用锡箔纸包裹避光),于室温抽真空 5 min。

(3)将烧杯置于平板摇床上,80～100 r/min 室温染色 4～5 h(可根据实际情况延长至 10～12 h)。

(4)用蒸馏水将叶片上多余的 DAB 染色液洗掉。

(5)向烧杯中加入适量脱色液并煮沸 5～10 min。

(6)换新鲜的脱色液于室温脱色(可多次更换新鲜脱色液)。

(7)待叶片染色清晰且背景干净时拍照。

五、实验结果及案例

案例一

2019 年 7 月,中国徐炎课题组在 *Frontiers in Microbiology* 发表了题为"The nuclear-localized RxLR effector PvAvh74 from *Plasmopara viticola* induces cell death and immunity responses in *Nicotiana benthamiana*"的研究论文。该研究发现葡萄霜霉病菌 RxLR 类效应子 PvAvh74 在本氏烟草中瞬时表达会引起细胞坏死(图 10-2)。INF1 是晚疫病病原菌疫霉菌分泌的一种激肽蛋白,在烟草叶片中表达会诱导细胞死亡,常被用来作为烟草叶片中诱导坏死实验的正对照。

案例二

2022 年 3 月,美国 Clemencia M. Rojas 课题组在 *Scientific Reports* 发表了一篇题为"The *Pseudomonas syringae* type Ⅲ effector HopG1 triggers

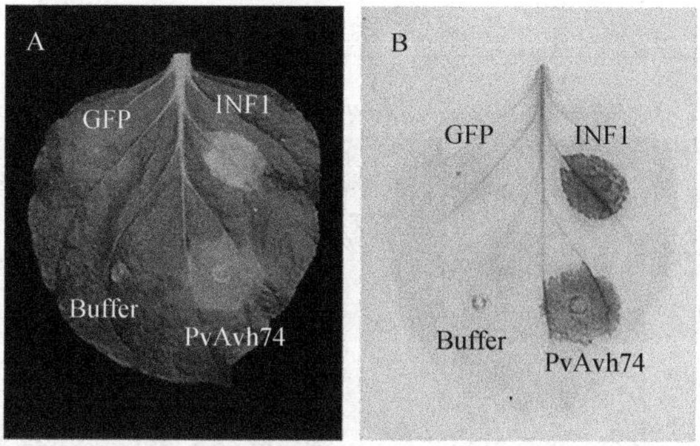

图 10-2 彩图

图 10-2 PvAvh74 在烟草叶片上引起细胞坏死(Yin 等,2019)

A. PvAvh74 注射烟草叶片后会引起细胞坏死。INF1 为本实验的正对照,GFP 和 Buffer 为本实验的负对照。B. 台盼蓝染色表征烟草叶片细胞坏死情况。注射后 6 d 进行拍照染色。

necrotic cell death that is attenuated by AtNHR2B"的研究论文。该研究构建了丁香假单胞菌效应子 HopG1 的过表达拟南芥植株,在接种丁香假单胞菌烟草致病变种 *P. syringae* pv. *tabaci*(*Pstab*)后,*HopG1* 过表达的拟南芥植株产生了明显的细胞坏死(图 10-3)。AtNHR2B 是拟南芥中一个与植物免疫相关的蛋白并且可以与 HopG1 互作,在 AtNHR2B 和 HopG1 共表达的转基因拟南芥中,*Pstab* 引起的细胞坏死被明显抑制(图 10-3)。所转基因的启动子为地塞米松(dexamethasone,DEX)诱导型启动子,需用 DEX 处理才能诱导所转基因的表达。

图 10-3 彩图

案例三

2023 年 5 月,中国王一鸣课题组在 *Molecular Plant* 发表了题为"Suppression of ETI by PTI priming to balance plant growth and defense through a MPK3/MPK6-WRKYs-PP2Cs module"的研究论文。研究发现 *Pst* AvrRpt2 侵染拟南芥叶片会引起明显的 HR、细胞坏死以及 H_2O_2 积累,但是植物叶片如果预先用 flg22 处理,然后再接种 *Pst* AvrRpt2,*Pst* AvrRpt2 引起的细胞坏死则明显减弱(图 10-4)。

图 10-4 彩图

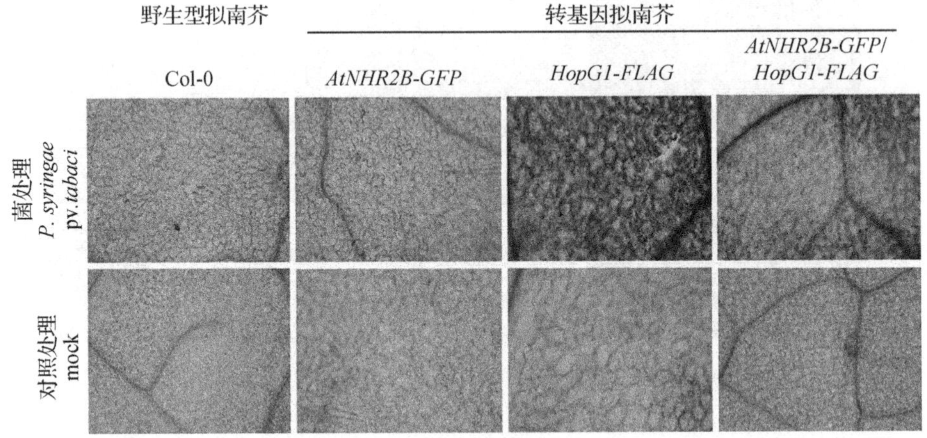

图 10-3　*HopG1* 转基因拟南芥在被病原菌 *Pstab* 侵染后产生细胞坏死

（改自 Rodriguez-Puerto 等，2022）

生长 5 周的植物先喷施 20 μmol/L DEX，24 h 后，注射浓度为 1×10^6 CFU/mL 的 *Pstab*，注射 24 h 后进行台盼蓝染色观察，H_2O 作为空白对照。

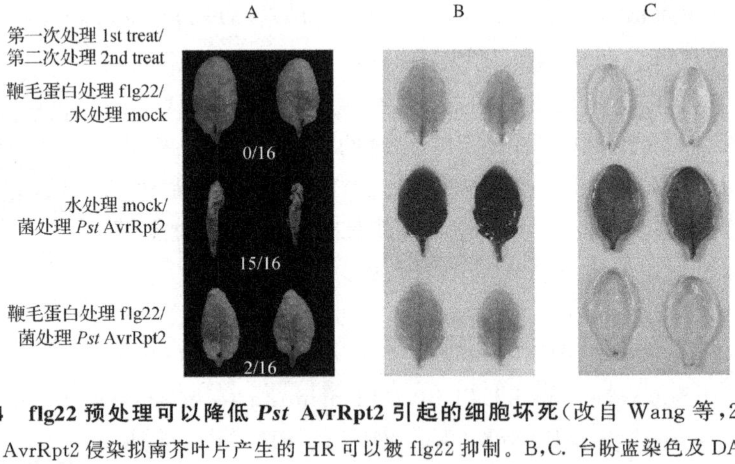

图 10-4　flg22 预处理可以降低 *Pst* AvrRpt2 引起的细胞坏死（改自 Wang 等，2023）

A. *Pst* AvrRpt2 侵染拟南芥叶片产生的 HR 可以被 flg22 抑制。B，C. 台盼蓝染色及 DAB 染色，分别检测处理的拟南芥叶片细胞坏死以及 H_2O_2 积累情况。

案例四

2017 年 8 月，中国刘俊课题组在 *The Plant Journal* 发表了题为“Activation of ethylene signaling pathways enhances disease resistance by regulating

ROS and phytoalexin production in rice”的研究论文。该研究发现乙烯信号通路的上调，会增强水稻对稻瘟菌 *Magnaporthe oryzae* 的抗性。野生型水稻 WT 受稻瘟菌侵染后，叶片中会积累一定量的 ROS，而在乙烯信号转导通路中核心正调因子 EIN2 合成突变体 *oein2* 中，这种因稻瘟菌侵染诱导产生的 ROS 含量相比于 WT 显著降低，在 *EIN2* 及乙烯正调控转录因子 *EIL1* 过表达的水稻中，因稻瘟菌诱导产生的 ROS 含量相比于 WT 显著增高(图 10-5)。

图 10-5 彩图

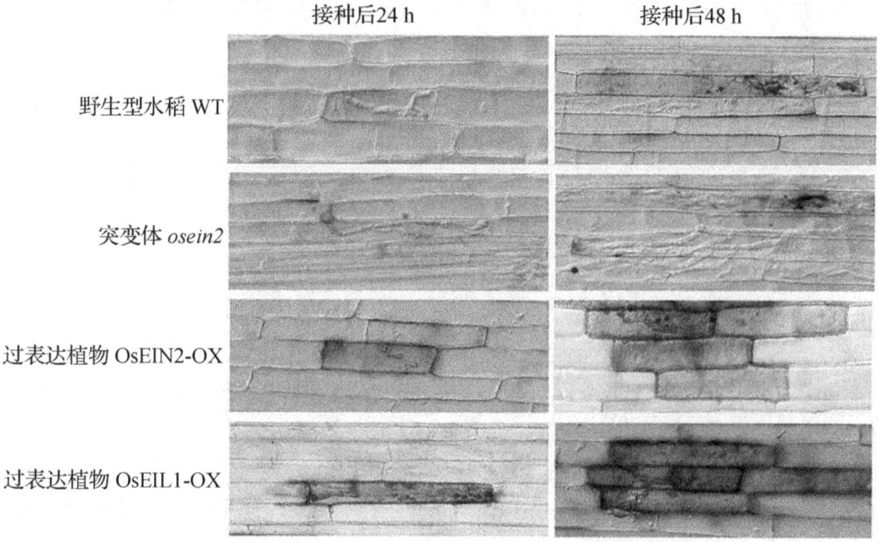

图 10-5　*EIN2* 和 *EIL1* 过表达可增强水稻中因稻瘟菌诱导产生的 ROS 的含量(改自 Yang 等，2017)

生长 2 周的水稻野生型、突变体和过表达幼苗先进行稻瘟菌叶鞘接种，24 h 和 48 h 后再进行 DAB 染色。

六、注意事项

1. 台盼蓝染色及 DAB 染色时间不能过长，否则植物组织难以脱色，导致检测结果出现较大偏差。

2. 台盼蓝及 DAB 试剂有潜在致癌风险，使用时请穿实验服并佩戴橡胶手套操作。台盼蓝染色法在煮沸的过程中,苯酚易挥发形成苯酚蒸气,因此煮沸操作需要在通风橱内进行。

3. 台盼蓝及 DAB 染色时,取样部位不同可能会对实验结果造成较大的影响。因此,最好选取生长时期相同的植株的相同部位叶片进行染色比较,并设置多个实验重复。

4. DAB 染色液配制完成后需避光保存于 4 ℃,并在 1 周内尽快使用。

5. 染色时应使用新鲜采集的植物组织,并尽快完成染色,实验需设置完善的阳性对照及阴性对照。

6. 待染色的叶片在染色前需拍照保存,染色后再拍照保存,通常文章中所展示的应为同一张叶片。

七、思考题

1. 台盼蓝染色的原理是什么?
2. DAB 染色的原理是什么?

八、参考文献

Rodríguez-Puerto C, Chakraborty R, Singh R, et al, 2022. The *Pseudomonas syringae* type Ⅲ effector HopG1 triggers necrotic cell death that is attenuated by AtNHR2B [J]. Sci Rep,12: 5388.

Wang D, Wei L, Liu T, et al,2023. Suppression of ETI by PTI priming to balance plant growth and defense through an MPK3/MPK6-WRKYs-PP2Cs module [J]. Mol Plant,16: 903-918.

Yang C, Li W, Cao J, et al, 2017. Activation of ethylene signaling pathways enhances disease resistance by regulating ROS and phytoalexin production in rice [J]. Plant J,89: 338-353.

Yin X, Shang B, Dou M, et al, 2019. The nuclear-localized RxLR effector PvAvh74 from *Plasmopara viticola* induces cell death and immunity responses in *Nicotiana benthamiana* [J]. Front Microbiol,10: 1531.

Zahid M A, Sandroni M, Vetukuri R R, et al, 2021. A fast, nondestructive method for the detection of disease-related lesions and wounded leaves [J]. Biotechniques,71: 425-430.

实验十一　水稻原生质体检测细胞坏死

一、实验背景

细胞坏死是发生在植物受到病原菌攻击时的一种非程序性的细胞死亡，可以作为一种防御策略，通过破坏受感染的细胞来限制病原菌的繁殖和扩散。当病原菌侵染寄主时，病原菌会分泌特定的效应子(effector)来干扰或抑制植物的基础免疫反应。而植物的NLR蛋白能够直接或间接地识别这些效应子，触发一系列更高层次的防御反应，其中之一就是细胞坏死，也称为超敏反应(hypersensitive response，HR)，它可以有效地限制病原菌在植物体内的定殖和扩散。

尽管在烟草叶片中通过瞬时表达相关基因来观察HR的实验体系已经很成熟，但是由于单双子叶植物的不同，很多水稻细胞坏死相关基因在烟草叶片中并不会表现出坏死现象，影响了对实验结果的判断。因此，需要在水稻体系中验证水稻基因或病原菌效应子是否参与了细胞坏死。因转基因水稻的构建周期较长，且相关基因的表达可能会引起水稻细胞坏死而无法获得转基因阳性苗，所以可以采用水稻原生质体结合报告基因的检测体系快速检测相关基因引起细胞坏死的情况。

二、实验原理

荧光素酶是一种能够催化荧光素底物氧化发光的酶，将荧光素酶与特定的启动子相连，可以构建成荧光素酶报告基因的表达载体(England等，2016)。将这个表达载体与能否引起细胞坏死的待检测基因表达载体共转入水稻原生质体中，如果细胞没有坏死，荧光素酶可以正常表达。当用荧光素酶底物处理时，荧光素酶会催化底物氧化生成荧光产物。通过荧光检测设备，可以捕获这些荧光信号，并通过荧光强度的变化来反映细胞坏死的发生程度(Saur等，2019)。如果细胞发生坏死，荧光素酶不能正常表达，当用荧光素酶底物处理时，也不会发出可见光(图11-1)。

荧光素酶作为报告基因的优势在于其灵敏度高、检测线性范围宽，并且适用于高通量筛选。通过酶标仪，可以方便地检测荧光素酶的活性，从而快速、准确地判断细胞坏死的情况。

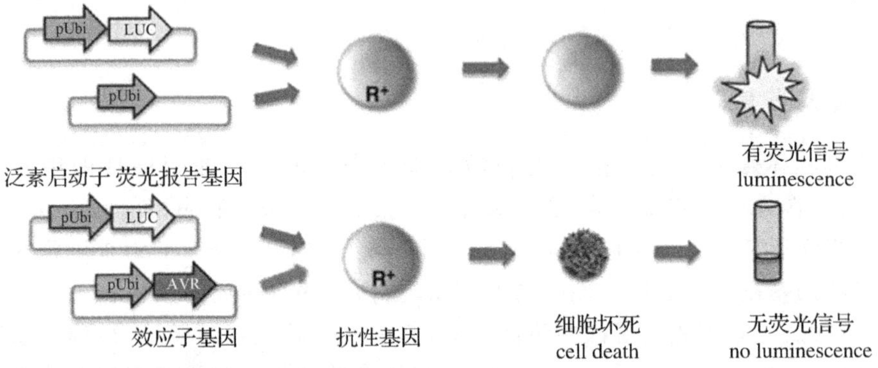

图 11-1　荧光素酶作报告基因检测细胞坏死示意图（改自 Kanzaki 等，2014）

细胞中的抗性基因，可以对转入的效应子基因进行识别，导致细胞坏死，无荧光信号产生。

三、实验材料和仪器

1. 植物材料

生长 2 周左右的水稻幼苗（1/2 MS 固体培养基中黑暗培养 10 d 左右的水稻黄化苗）。

2. 试剂

（1）酶解液：10 mmol/L MES (pH 5.7)，0.6 mol/L 甘露醇，20 mmol/L KCl，1.5%（质量浓度）纤维素酶（Cellulase R10，Yakult，Japan），0.75%（质量浓度）离析酶（Macerozyme R10，Yakult，Japan），0.1%（质量浓度）牛血清白蛋白（bovine serum albumin，BSA），3.4 mmol/L $CaCl_2$。

（2）W5 溶液：2 mmol/L MES (pH 5.7)，154 mmol/L NaCl，125 mmol/L $CaCl_2$，5 mmol/L KCl。

（3）MMG 溶液：4 mmol/L MES (pH 5.7)，0.4 mol/L 甘露醇，15 mmol/L $MgCl_2$。

（4）PEG4000 溶液：200 mmol/L 甘露醇，100 mmol/L $CaCl_2$，40%（质量浓度）PEG4000。

（5）荧光素酶（luciferase）底物反应液（来源试剂盒：Promega Luciferase

Cell Culture Lysis 5× Reagent，货号 E1531）。

（6）2×裂解缓冲液（lysis buffer）：150 mmol/L NaCl，1 mmol/L EDTA，25 mmol/L Tris-HCl pH 7.5，10%（体积分数）甘氨酸（glycine），0.5%（体积分数）NP-40，1%（体积分数）Triton X-100［使用前加 10 mmol/L 二硫苏糖醇（DTT）、1% 苯甲基磺酰氟（PMSF）和 1% 蛋白酶抑制剂（Cocktail）］。

3. 主要仪器

光照培养箱，光学显微镜，酶标仪，真空泵，摇床。

四、实验步骤

1. 原生质体的制备

（1）取生长 2 周左右的水稻苗，用手术刀将茎部切成 0.5～1 mm 的小段，将切好的小段置于装有 20 mL 酶解液的 50 mL 锥形瓶中（数字资源 2）。用真空泵抽真空，相对真空度 15～20 kPa，30 min，使酶溶液渗入水稻组织，然后在 28 ℃轻轻摇动（40～80 r/min），避光孵育 3～5 h。

数字资源 2　水稻原生质体制备实验

（2）向酶解体系中加入等体积的 W5 溶液，使用 35～75 μm 的尼龙膜滤掉残渣，收集液体，4 ℃ 300*g* 离心 5 min，在不干扰原生质体的情况下去除上清液。

（3）加入 10～15 mL W5 溶液，轻轻摇晃重悬原生质体，4 ℃ 300*g* 离心 5 min，小心去除上清液。

（4）用适当体积的 MMG 重悬原生质体沉淀，用血细胞计数板确定细胞个数，调整原生质体浓度为 5×10^5 个/mL 左右。

2. 原生质体转化

（1）每组做 8 个样品，向 2 mL 离心管中加入待转化的质粒，每个反应的质粒混合体系为 30 μL，不足 30 μL 用 H_2O 补齐，质粒的总量不超过 30 μg。

（2）缓慢加入 300 μL 的原生质体至各管中，每个反应体系的原生质体量尽量保持一致。

（3）逐个加入 330 μL 的 PEG4000 至反应体系中，轻轻颠倒混匀，室温黑暗孵育 20 min。

（4）逐个加入 1 320 μL（2×660 μL）的 W5 溶液，轻轻颠倒混匀以终止反应。

(5)室温 300g 离心 5 min,弃上清液,最后加入 960 μL 的 W5 溶液轻轻重悬细胞,黑暗水平放置 14～16 h。

3. 荧光素酶测定

(1)1 500g,室温离心 5 min,弃上清液。

(2)加入 100 μL 2×裂解缓冲液,涡旋振荡 10 s,冰上静置 15 min。

(3)4 ℃,12 000 r/min,离心 4 min,分别取 30 μL 上清液至 96 孔板中。

(4)排枪加入 30 μL 荧光素酶底物反应液,反应 1 min 后用酶标仪检测荧光值。

(5)酶标仪参数设置:一般选择 96 孔板,读板模式选择发光模式(LUM);读板类型为终点法(Endpoint),波长勾选全波长;根据样品的点样位置选择"Plate Area";根据试剂盒说明在"PMT and Optics"选项中选择"Integration Time"(如 500 ms);如需在读数前对微孔板进行振荡,则勾选"Shake",并设置振荡时间。

五、实验结果及案例

案例一

2023 年 5 月,中国彭友良/卢训莉团队在 *Journal of Fungi* 发表了题为"Identification and characterization of novel candidate effector proteins from *Magnaporthe oryzae*"的研究论文。该研究利用水稻原生质体瞬时表达系统鉴定了 4 个稻瘟菌候选效应子可以诱导水稻细胞死亡(图 11-2)。

案例二

2021 年 10 月,中国刘俊峰/彭友良团队在 *Proceedings of the National Academy of Sciences of the United States of America* 发表了题为"A designer rice NLR immune receptor confers resistance to the rice blast fungus carrying noncorresponding avirulence effectors"的研究论文。水稻中的 NLR 抗病蛋白 RGA5 无法识别非对应无毒效应子 AvrPib,该研究通过改造 RGA5-HMA 的结构域,成功地设计出了能识别效应子 AvrPib 的新型 RGA5,并获得了对含有 AvrPib 稻瘟菌具有抗性的转基因水稻。这一体系的建立为未来培育出多系品种、指导品种混种和布局以及培育具有广谱抗性的水稻品种提供了重要的技术保障(图 11-3)。

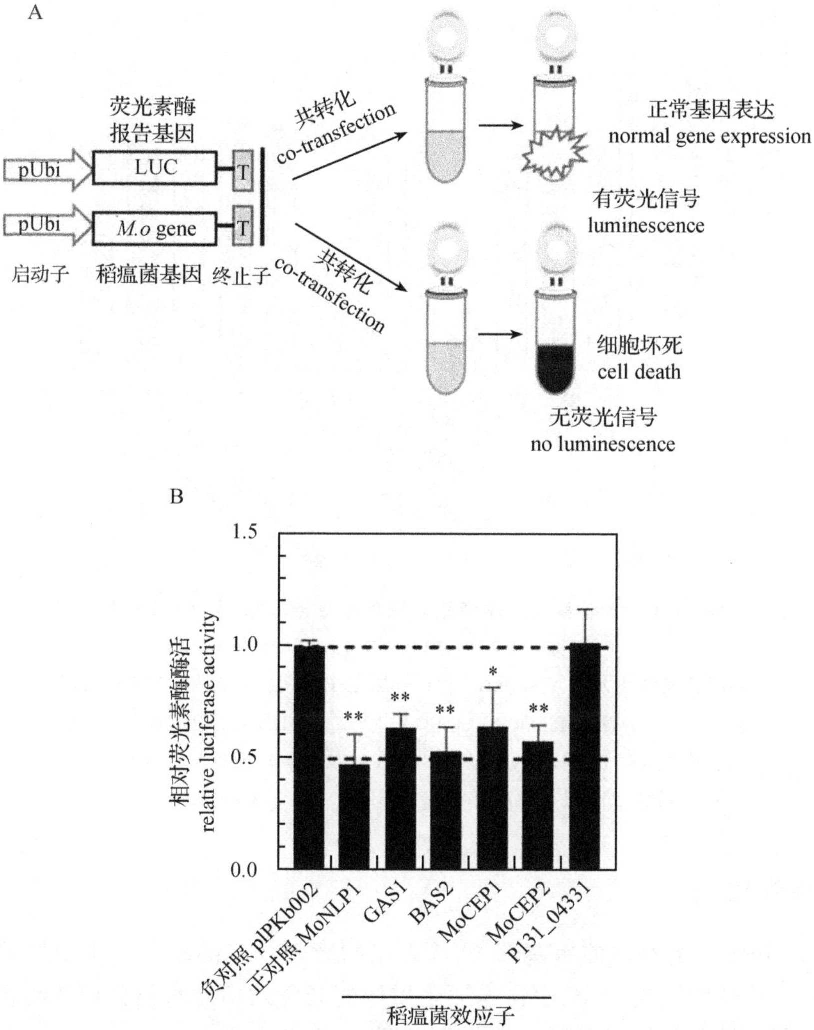

图 11-2 候选稻瘟菌效应子可以诱导水稻原生质体坏死(改自 Liu 等,2023)

A. 原生质体中用荧光素酶作为报告基因检测细胞坏死情况的模式图。B. 将稻瘟菌效应子和荧光素酶报告基因共转化水稻原生质体后,通过荧光素酶活性反映细胞坏死情况。pIPKb002 为空质粒,MoNLP1 为已知的可以引起细胞坏死的正对照,GAS1、BAS2、MoCEP1、MoCEP2 和 P131_04331 为候选稻瘟菌效应子,检测发现 GAS1、BAS2、MoCEP1 和 MoCEP2 能引起水稻细胞坏死,而 P131_04331 不能引起水稻细胞坏死($^{*}P<0.05$;$^{**}P<0.01$;t 检验)。

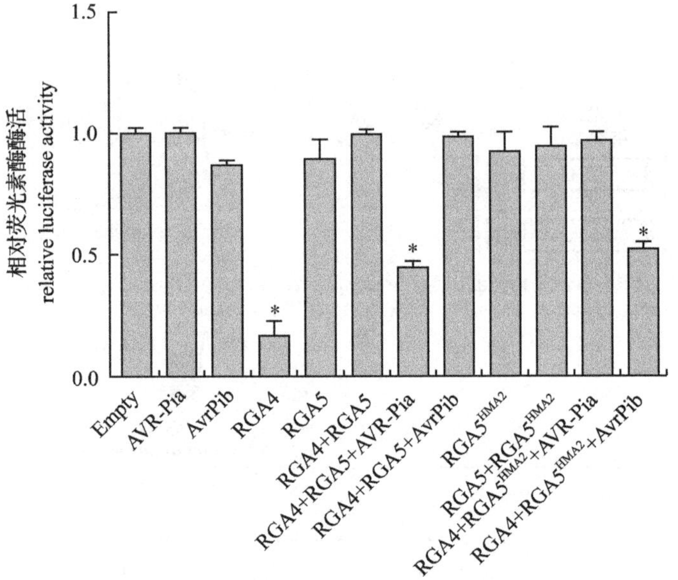

图 11-3　水稻原生质体细胞坏死体系证明改造后的 $RGA5^{HMA2}$ 可以识别 AvrPib(改自 Liu 等,2021)

不同质粒转化水稻原生质体 16 h 后测定 LUC 活性,LUC 活性显示由 RGA4/RGA5/AVR-Pia 和 RGA4/$RGA5^{HMA2}$/AvrPib 组合分别共表达可以引起水稻细胞死亡。Empty 为阴性对照,RGA4 为阳性对照(* $P<0.01$;Tukey's 诚实差异性检验)。

六、注意事项

1. 切水稻苗时需使用茎部,去除衰老的叶鞘。茎部制备原生质体效果比较好,叶片的细胞比较小,会影响原生质体的制备效率。水稻黄化苗制备原生质体,载体转化效率及基因表达强度较高。

2. 转化效率的高低会影响最终的实验结果,因此实验过程中,对照组和实验组转化的质粒总量要严格保持一致。

3. 排枪加入荧光素酶底物的量和反应时间应保持一致。

4. 观察荧光的过程中,需要设置好合适的荧光参数。

5. 实验需要设置多次重复,以确保实验的可靠性。

七、思考题

1. 用水稻原生质体结合报告基因体系检测细胞坏死的方法有什么优点?
2. 比较烟草叶片细胞坏死和水稻原生质体细胞坏死有哪些不同。

八、参考文献

Kanzaki H，Yoshida K，Saitoh H，et at，2014. Protoplast cell death assay to study *Magnaporthe oryzae AVR* gene function in rice [J]. Methods Mol Biol,1127：269-275.

Liu D，Lun Z，Liu N，et al，2023. Identification and characterization of novel candidate effector proteins from *Magnaporthe oryzae* [J]. J Fungi (Basel),9:574.

Liu Y，Zhang X，Yuan G，et al，2021. A designer rice NLR immune receptor confers resistance to the rice blast fungus carrying noncorresponding avirulence effectors [J]. Proc Natl Acad Sci U S A,118：e2110751118.

Saur I M L，Bauer S，Lu X，et al，2019. A cell death assay in barley and wheat protoplasts for identification and validation of matching pathogen AVR effector and plant NLR immune receptors [J]. Plant Methods，15：118.

实验十二　酵母系统验证外泌蛋白信号肽的分泌功能

一、实验背景

在病原菌与植物的互作中，病原菌会分泌效应子到质外体或植物细胞内，干扰植物的免疫反应，帮助病原菌进一步侵染。1971 年，Günter Blobel 和 David D. Sabatini 提出了信号肽假说，认为在分泌蛋白转运的过程中，通过识别信号肽定位到相对应的转运通道，进而运输到膜外(Nielsen 等，2019)。信号肽假说从提出至今，已得到了充分的证实。以稻瘟菌为例，部分效应子可以通过信号肽以网格蛋白介导的内吞方式被分泌到水稻细胞质中，也有一部分效应子定位于水稻质外体中(图 12-1)。此外细菌的效应子也可以通过细菌三型分泌系统(type Ⅲ secretion system，T3SS)

图 12-1 彩图

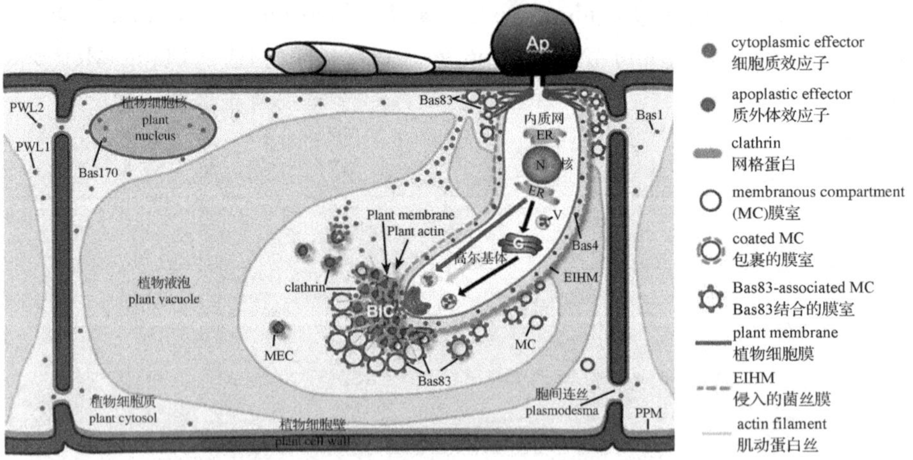

图 12-1　稻瘟菌效应子在水稻细胞中的分布(改自 Oliveira-Garcia 等，2023)

粉色小点代表通过水稻网格蛋白介导的胞吞方式进入水稻细胞的细胞质效应子，如 PWL1、PWL2、Bas1、Bas83 和 Bas170；绿色小点代表通过内质网-高尔基体通路分泌到侵染菌丝和寄主胞质空间的质外体效应子，如 Bas4。

进行分泌，该系统是一个由多组分蛋白复合体形成的跨膜通道，它通过将效应子或毒力蛋白直接注入寄主细胞发挥致病作用(Christie,2019)。

大多数分泌蛋白的信号肽都具有特定的氨基酸特点，其中绝大部分信号肽位于分泌蛋白的氨基末端(N端)(Huang 和 Palmer,2017)，也有一小部分分泌蛋白的信号肽位于羧基末端(C端)(Kulkarni 等,2017)。因此可使用生物信息学的方式来预测蛋白是否具有信号肽，SignalP 5.0、SIGFIND、PrediSi等网站都可以进行信号肽的预测。但是预测有信号肽的蛋白并非一定会被分泌出去，因此还需要通过生物学的方法验证该蛋白是否真的具有外泌功能。

二、实验原理

YTK12 是一个蔗糖酶外泌缺陷型酿酒酵母，可以用于鉴定分泌蛋白的信号肽(Jacobs 等,1997)。*SUC2* 基因编码的蔗糖酶能够将底物培养基的棉籽糖或蔗糖转化成酵母可以利用的葡萄糖，YTK12 酵母菌株作为 *SUC2* 基因缺陷的菌种，无法在以棉籽糖为单一碳源的 YPRAA 培养基上正常生长。pSUC2 载体含有缺失信号肽序列的 *SUC2* 基因，将待检测分泌活性的信号肽序列连接在 pSUC2 载体蔗糖酶 *SUC2* 基因的 N 端(图 12-2)，转化进 YTK12 酵母菌株后，如果该信号肽具有分泌活性，SUC2 就可以正常分泌，将棉籽糖转化为葡萄糖，YTK12 酵母在 YPRAA 培养基上就能正常生长。若插入的信号肽不具有分泌活性，则 SUC2 无法正常分泌，酵母则不能在 YPRAA 培养基上生长。此外也可以利用显色的方法对实验结果进行验证，SUC2 的酶活产物葡萄糖可以将氯化三苯四氮唑(TTC)还原为不溶性的红色 1,3,5-三苯基甲酸(TPF)，因此如果信号肽具有外泌功能，则可以使底物显色。

三、实验材料和仪器

1. 菌种

酵母菌株 YTK12 保存于−80 ℃冰箱，使用前划线培养于 YPDA 培养基 3 d,温度 30 ℃。

2. 试剂

(1)50% PEG3350：100 g PEG3350 加入 150 mL ddH_2O 中，微波炉加热溶解 PEG3350，用 ddH_2O 定容至 200 mL，121 ℃灭菌 20 min。

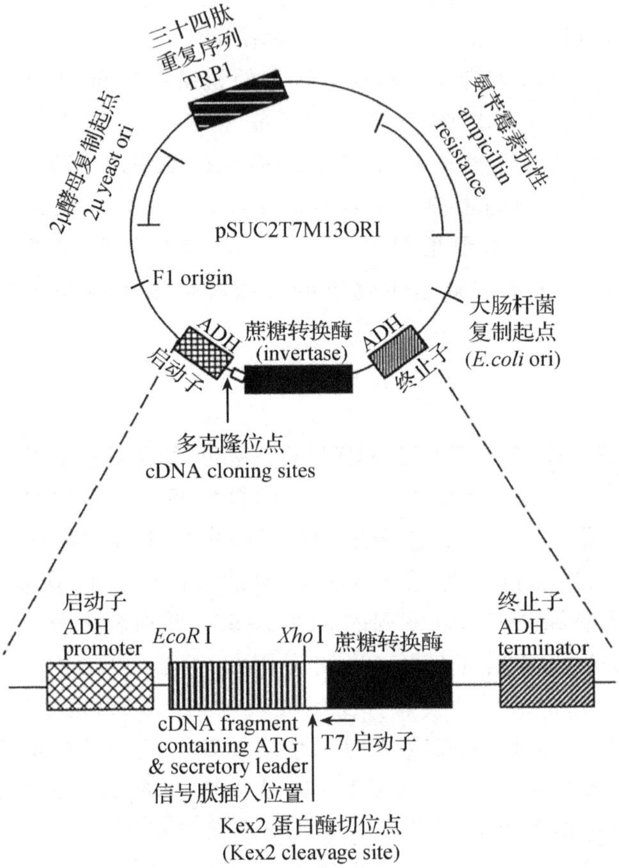

图 12-2　pSUC2 质粒载体图(改自 Jacobs 等,1997)

(2)鲑鱼精 DNA(Herring testes carrier DNA):10 mg/mL 溶于超纯水,保存于−20 ℃。

(3)10×TE:10 mL 的 1 mol/L Tris-HCl 缓冲液(pH 7.5),2 mL 的 0.5 mol/L EDTA (pH 8.0);用 ddH_2O 定容至 100 mL;121 ℃灭菌 20 min。

(4)10×LiAc:10.202 g 醋酸锂,用 HAc 调 pH 至 7.5,用 ddH_2O 定容至 100 mL,121 ℃灭菌 20 min。

(5)2,3,5-三苯基氯化四氮唑(TTC):1%(质量浓度)溶于超纯水。

(6)抗霉素 A:1 mg/mL 溶于超纯水,过滤除菌。

(7)YPD 培养基:50 g YPD 培养基粉末(Clontech),用 ddH_2O 定容至 1 L,用 NaOH 调节 pH 至 6.5,固体培养基中加入 20 g 琼脂粉,121 ℃灭菌 20 min。

(8)CMD-W(complete minimal medium lacking tryptophan)培养基:6.7 g 的 YNB(酵母氮源),20 g 蔗糖,1 g 葡萄糖和 0.69 g 的 DO Supplement -Trp(缺失色氨酸的氨基酸混合物)(Clontech)粉末。

(9)YPRAA 培养基:1 g 酵母提取物,2 g 蛋白胨,2 g 棉籽糖,1.6 g 琼脂,用 ddH_2O 定容到 100 mL,用 NaOH 调节 pH 至 5.8,121 ℃灭菌 20 min,使用前加入过滤除菌的 0.1 mg 抗霉素 A。

3. 主要仪器

摇床,生化培养箱,恒温水浴锅,超净工作台。

四、实验步骤及解析

1. pSUC2 载体的构建

将待检测外泌基因的全长、只保留分泌信号肽部分的片段和去掉信号肽部分的片段分别连接到 pSUC2 载体的 N 端,获得测序正确的载体备用。

2. 酵母 YTK12 感受态的制备

(1)从培养基上挑取酵母单菌落,过夜摇培于 100 mL YPD 培养基中,30 ℃,180 r/min。为了防止酵母活性较低,小摇过夜可获得活性较高的酵母。

(2)取 1 mL 菌液接种至 200 mL YPD 培养基中,30 ℃,180 r/min 摇培至 OD_{600} 为 0.6 左右,一般需摇培 4~6 h。

(3)菌液 1 000*g* 离心 5 min,用无菌水重悬后再次离心,无菌水重悬 2 次。

(4)用适量的重悬液重悬酵母。每个质粒的转化体系约需 100 μL 重悬液,根据所需转化质粒个数配制合适的酵母重悬液。重悬液配方:11 μL 10×TE、11 μL 10×LiAc、78 μL ddH_2O。

3. 酵母感受态细胞的转化

(1)取 100 μL 感受态酵母于 1.5 mL 灭菌 EP 管中,在感受态酵母中加入 5 μL 质粒(质粒总量 1~2 μg)和 5 μL 鲑鱼精 DNA。

鲑鱼精 DNA 保存于−20 ℃,每次使用前均需现煮现用。

(2)加入质粒及鲑鱼精后，每管感受态酵母加入 60 μL 10×TE、60 μL 10×LiAc、480 μL 50% PEG，于 30 ℃，180 r/min 的摇床中摇培 30 min。

(3)摇培结束后加入 70 μL DMSO，在 42 ℃水浴锅中水浴 15 min，每 5 min 颠倒混匀一次。

(4)水浴 15 min 后于冰上静置 10 min，10 000 r/min 离心 1 min。

(5)倒掉上清液，用移液器吸去管底多余的液体后加入 100 μL ddH_2O，吹打混匀后将菌液涂至 SD-Trp 培养基。

4. 酵母结果验证

(1)划线法：长出阳性克隆后，将阳性克隆用灭菌水稀释，分别在 CMD-W 培养基和 YPRAA 培养基上划线，2～4 d 内拍照，根据酵母是否生长验证该蛋白是否外泌。

(2)显色法：选择一个阳性克隆，接种于 5 mL 的 CMD-W 液体培养基中，30 ℃，220 r/min 振荡培养 24 h，12 000 r/min 离心收集菌体；弃上清液，加入 1 mL 无菌 ddH_2O 重悬菌体，12 000 r/min 离心 1 min 收集菌体，重复此步一遍；加入 1 mL 10%蔗糖溶液重悬菌体；加入 1 mL 1% TTC 溶液后，混匀，35 ℃水浴 10 min，室温放置 5 min，观察颜色变化并拍照。

五、实验结果及案例

案例一

2022 年 8 月，中国孙文献团队在 *The Plant Cell* 发表了题为“*Ustilaginoidea virens* secretes a family of phosphatases that stabilize the negative immune regulator OsMPK6 and suppress plant immunity”的研究论文。该研究发现稻曲病菌可以通过分泌一类酪氨酸蛋白磷酸酶，通过去磷酸化稳定水稻免疫负调控因子 OsMPK6 并抑制水稻免疫。该研究以稻曲病菌中富含半胱氨酸蛋白 SCRE6 为研究对象，证实了 SCRE6 是稻曲病菌中发挥重要毒性功能的效应子，并通过酵母系统划线法验证了 SCRE6 的信号肽具有外泌功能，稻瘟菌 Mg87 前 25 个氨基酸 $Mg87^{1\text{-}25aa}$ 构建在 pSUC2 质粒中作为负对照，大豆疫霉效应子 Avr1b 的信号肽 $Avr1b^{SP}$ 构建在 pSUC2 质粒中作为正对照(图 12-3)。

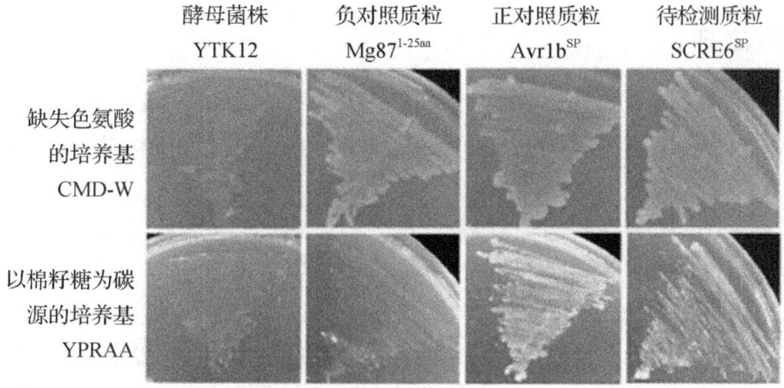

图 12-3 SCRE6 的信号肽具有外泌功能(改自 Zheng 等,2022)

酵母外泌系统证明 SCRE6 的信号肽具有外泌功能,

$Mg87^{1\text{-}25aa}$ 是负对照,$Avr1b^{SP}$ 是正对照。

案例二

2023 年 12 月,四川陈学伟/李伟滔团队在 *Nature Comunications* 发表了题为"*Magnaporthe oryzae* effector MoSPAB1 directly activates rice *Bsr-d1* expression to facilitate pathogenesis"的研究论文。该研究揭示了一个稻瘟菌效应子 MoSPAB1 通过激活宿主易感基因 *Bsr-d1* 的表达以促进病原菌侵染的调控机制。该研究中利用酵母系统验证了 MoSPAB1 的信号肽具有外泌功能(图 12-4)。

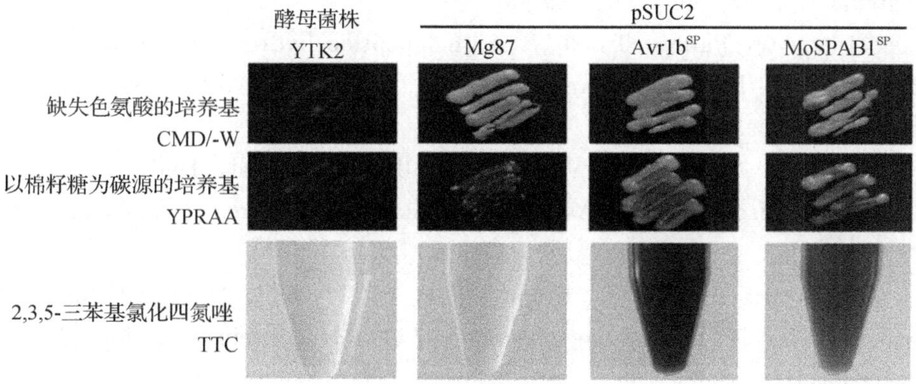

图 12-4 效应蛋白 MoSPAB1 的信号肽具有外泌功能(改自 Zhu 等,2023)

六、注意事项

1. 小摇后的酵母活性较高，长时间低温培养的酵母需重新小摇。

2. 10×LiAc 溶液易析出，使用前需检查是否有白色沉淀物，如有沉淀则需重新配制。

3. 酵母在 YPRAA 平板划线后需在 36～48 h 内查看结果，放置时间过长会导致阴性对照有部分生长。

4. CMD-W 培养基也可以用 SD-Trp 培养基替代。

5. 抗霉素 A 为剧毒试剂，操作时需戴手套、注意安全，谨防吸入或误食。

6. 室温下，棉籽糖在水中的溶解速率较慢，可用微波炉等加速溶解，静置到室温后进行抽滤。

7. 所用耗材及试剂均需提前灭菌，与酵母相关操作均需在超净工作台中进行。

七、思考题

1. 一个蛋白预测有信号肽是否就一定会分泌到胞外？

2. 除了酵母系统，还有什么实验可以验证一个蛋白是否能够外泌？

八、参考文献

Christie P J，2019. The rich tapestry of bacterial protein translocation systems [J]. Protein J，38：389-408.

Huang Q，Palmer T，2017. Signal peptide hydrophobicity modulates interaction with the twin-arginine translocase [J]. mBio，8：10.1128/mbio.00909-17.

Jacobs K A，Collins-Racie L A，Colbert M，et al，1997. A genetic selection for isolating cDNAs encoding secreted proteins [J]. Gene，198：289-296.

Kulkarni S S，Zhu Y，Brendel C J，et al，2017. Diverse C-terminal sequences involved in *Flavobacterium johnsoniae* protein secretion [J]. J Bacteriol，199：e00884-16.

Nielsen H，Tsirigos K D，Brunak S，et al，2019. A brief history of protein sorting prediction [J]. Protein J,38: 200-216.

Oliveira-Garcia E,Tamang T M, Park J, et al, 2023. Clathrin-mediated endocytosis facilitates the internalization of *Magnaporthe oryzae* effectors into rice cells [J]. Plant Cell,35: 2527-2551.

Zheng X, Fang A, Qiu S, et al,2022. *Ustilaginoidea virens* secretes a family of phosphatases that stabilize the negative immune regulator OsMPK6 and suppress plant immunity [J]. Plant Cell,34: 3088-3109.

Zhu Z, Xiong J, Shi H, et al, 2023. *Magnaporthe oryzae* effector MoSPAB1 directly activates rice *Bsr-d1* expression to facilitate pathogenesis [J]. Nat Commun,14: 8399.

附　录

中英文词汇对照表

中文	英文缩写	英文全称
2,3,5-三苯基氯化四氮唑	TTC	2,3,5-triphenyltetrazolium chloride
Tukey's 诚实差异性检验	Tukey's HSD test	Tukey's honestly significant difference test
鞭毛蛋白敏感蛋白 2	FLS2	flagellin-sensitive 2
病程相关蛋白	PR	pathogenesis-related protein
病原体相关分子模式触发的免疫	PTI	PAMP-triggered immunity
病原相关分子模式	PAMP	pathogen-associated molecular pattern
超大 G 蛋白 2	XLG2	extra-large G protein 2
超敏反应	HR	hypersensitive response
程序性细胞死亡	PCD	programmed cell death
蛋白质印迹	WB	Western blot
丁香假单胞菌番茄致病变种	*Pst*	*Pseudomonas syringae* pv. *tomato*
富含亮氨酸重复序列	LRR	leucine-rice repeat
钙依赖蛋白激酶	CDPK	calcium-dependent protein kinase

续表

中文	英文缩写	英文全称
过氧化氢受体	HPCA1	hydrogen-peroxide-induced Ca^{2+} increases 1
核苷酸结合	NB	nucleotide binding
核苷酸结合结构域富含亮氨酸重复受体	NLR	nucleotide-binding domain leucine-rich repeat receptor
坏死和乙烯诱导多肽	NLP	necrosis and ethylene-inducing peptide 1-like protein
还原型辅酶Ⅱ	NADPH	nicotinamide adenine dinucleotide phosphate
活性氧	ROS	reactive oxygen species
基本培养基	MS	Murashige and Skoog
金氏B培养基	KB	King's B broth medium
卷曲螺旋结构域	CC	coiled coil domain
辣根过氧化物酶	HRP	horse radish peroxidase
类受体胞质激酶	RLCK	receptor-like cytoplasmic kinase
类受体蛋白	RLP	receptor-like protein
类受体激酶	RLK	receptor-like kinase
类丝氨酸羧肽酶	SCPL	serine carboxypeptidase-like protein
免疫细胞化学	ICC	immunocytochemistry
免疫组织化学	IHC	immnohistochemistry
模式识别受体	PRR	pattern recognition receptor
茉莉酸	JA	jasmonic acid
内质网质量控制	ERQC	endoplasmic reticulum quality control
牛血清白蛋白	BSA	bovine serum albumin

续表

中文	英文缩写	英文全称
胼胝质合酶	PMR4	powdery mildew resistant 4
葡萄孢菌诱导的激酶 1	BIK1	botrytis-induced kinase 1
缺乏色氨酸的完全基础培养基	CMD-W	complete minimal medium lacking tryptophan
十二烷基硫酸钠	SDS	sodium dodecyl sulfate
实时逆转录聚合酶链式反应	RT-qPCR	real-time reverse transcriptase-polymerase chain reaction
水稻白叶枯病菌	*Xoo*	*Xanthomonas oryzae* pv. *oryzae*
水稻细胞壁	CW	cell wall
水母素	AEQ	aequorin
水杨酸	SA	salicylic acid
丝裂原活化蛋白激酶	MAPK/MPK	mitogen-activated protein kinase
丝裂原活化蛋白激酶激酶	MAP2K/MAPKK/MEK/MKK	mitogen-activated protein kinase kinase
丝裂原活化蛋白激酶激酶激酶	MAP3K/MAPKKK/MEKK/MKKK	mitogen-activated protein kinase kinase kinase
髓鞘碱性蛋白	MBP	myelin basic protein
损伤相关分子模式	DAMP	damage-associated molecular pattern
微生物相关分子模式	MAMP	microbe-associated molecular pattern
细菌碱性磷酸酶	BAP	bacterial alkaline phosphatase
细菌三型分泌系统	T3SS	type Ⅲ secretion system
相对光单位	RLU	relative light unit
效应子介导的免疫反应	ETI	effector-triggered immunity
烟酰胺腺嘌呤二核苷酸磷酸	NADPH	nicotinamide adenine dinucleotide phosphate hydride

续表

中文	英文缩写	英文全称
延伸因子的受体	EFR	EF-Tu receptor
乙烯	ET	ethylene
植物内源性免疫多肽	Pep1	plant elicitor peptide 1